A Field Guide To Wild Orchids Of Taiwan (Vol.2)

大樹經典
自然圖鑑系列
04

台灣野生蘭
A Field Guide To Wild Orchids Of Taiwan (Vol.2)
賞蘭大圖鑑(中)

林維明◎著　林松霖◎繪圖

A Field Guide To Wild Orchids Of Taiwan (Vol.2)

台灣野生蘭·賞蘭大圖

圖鑑(中) # *Contents*

LD GUIDE TO

OF TAIWAN 2

　　林維明先生的『台灣野生蘭賞蘭大圖鑑』（上）在2003年的出版令人有驚艷的感受。如今第二本與第三本的『台灣野生蘭野外賞蘭大圖鑑』（中）、（下）的陸續問世，其內容之充實與圖片之華麗更讓人大開眼界，立下了一個個難以跨越的里程碑。

　　回顧過去在1970年代的那個十年裡，野生蘭是我全心所關注的對象。那個時候覺得自己很幸運，當時自己很可能是台灣唯一能有機會獨自欣賞無數千奇百怪植物的人。後來為了到國外求學，默默地離開了那個我曾經努力耕耘的世界。以後偶有機會再接觸到，只想多看兩眼，但是並無法喚回滿心的熱愛。2005年6月中旬的有一天維明初次造訪我的研究室，展示他吸引人的收集，才似乎讓我又喚醒一部份從前的記憶。

　　野生蘭的研究是台灣植物中最受關愛的一群植物。自從早田文藏的研究以來，每個時期都有愛好者在研究它。乃至於今天，研究的熱潮始終未曾停歇。就是這一股神奇的吸引力，台灣野生蘭的神秘面紗也逐漸被揭露開來，相信這樣的力量將會長久持續下去。看過不少人如醉如癡地親近它，甚至變成了生活的一種方式。究竟是什麼樣的力量使一個人可以如此心甘情願地投注感情呢？如果你靜下心來進入林維明的野生蘭世界，慢慢品嚐那些全然是大自然美妙的藝術創造，或許有機會讓你解答心中的疑惑。

　　當我們在欣賞這一件件傑出的藝術作品時，相信你可能懷疑是什麼演化的力量或說是上帝的創造，讓野生蘭如此千奇百怪又各具獨特的姿色呢？最引人入勝的莫過於那些精巧甚至豔麗的小花。的確，高等植物的演化就是花的特化，比較通俗的說法就是生殖器官的演化，一種為了更能適應於目前地球環境的特化。它們的目的就是在滿足生命中的激情，達成多子多孫的生物願望。各式各樣的昆蟲變成了它們最佳的媒人，也因此而造就了蘭花與昆蟲的共同演化，那是一個在台灣仍待開發研究的未知世界。進入維明的世界，自由的遐想，偶爾突發靈感或遁入虛無，也是一種享受。

台灣大學生命科學院‧植物研究所教授

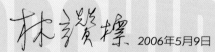

林讚標　2006年5月9日

1.白鶴蘭擁有美麗的白色線藝。（張志慶先生栽培）

2.黃絨蘭葉片邊緣鑲白邊。（張良如先生栽培）

3.黃松蘭葉片內緣鑲著淺黃色帶。（鄭榮恩先生栽培）

4.嘉義山區的淡綠羊耳蒜葉片表面帶淺黃色條紋。

5.梁維聰先生栽培的滿綠隱柱蘭，葉面佈滿淺黃斑紋。

6.台東海拔1900公尺一處原始闊葉林裡生長著許多白石斛，其中一叢的植株有白化變異現象。

1

2

植株變異

在自然界中，由於外在環境的考驗，乃至體內基因發生異常，偶爾植物體會出現異於常態的變化，多數的例子顯現在葉子上面，如葉面上出現不同顏色的線條或斑點，葉子變形，或者葉子發生異常增多現象，後者在豆蘭屬中比較有機會觀察到。事實上，這一類的變化大多為不正常的狀況，不過就像在原本的綠葉上出現的白色或黃色線條，以園藝的觀點來看，反而認為那是美麗的線藝，又加上出現變異的個體一向數量稀少，而成為人們追求蒐羅的目標。

張志慶先生栽培的寶島羊耳蒜，葉片具白色線藝。

新竹五峰海拔1200公尺闊葉林下的黃鶴頂蘭，有的植株葉片表面滿佈黃色斑點。

開完花的銀線脈葉蘭長出心
形的葉片。（林松霖繪）

　　再來，讓我們來觀察鳳蘭（山區民眾習稱樹蘭）有何特別之處，它是台灣三種附生性蕙蘭屬植物之一，也是當中族群數量較為繁盛，且分佈又較為廣泛的一種，這樣的描述看似不足為奇。一般的附生蘭根系係附著於樹木表皮或岩石表面，而鳳蘭的根則是由樹瘤或樹的傷口處穿入表皮內面，以致於在野外觀察時，往往找不到鳳蘭的根部，這樣的現象是否暗示著鳳蘭的根有可能自樹木內部組織吸收養份與水份，而導致寄生現象的發生，有待識者研究

求證。另外兩種本土附生性蕙蘭，如金稜邊蘭以及香莎草蘭，則不曾觀察到這樣的現象。

　　還有一個有趣的現象發生在脈葉蘭及某些地生蘭身上，脈葉蘭在冬季會休眠，地上莖葉凋落，留下塊根狀莖在地底下，初春時，花莖由土中的塊根狀莖上的芽點萌發，穿出土面開花，等到花都凋謝之後，接著葉子才開始成長，也就是說花朵與葉子不會同時存在，形成有花無葉、有葉無花的特殊現象。

地生蘭冬季休眠不足為奇，高海拔種類尤為普遍，然而，附生蘭會休眠可就稀奇了。台灣產的蘭科植物當中，目前已知有休眠現象的附生蘭當屬連株絨蘭（習稱土豆蘭），這種迷你小蘭種的葉子會在冬季枯黃脫落，留下如土豆般的假球莖進入休眠狀態，不識者往往以為是植株狀況惡化，恐怕快不行了，其實，那是生命週期中的一段過程。

滿綠隱柱蘭有一項癖好，喜歡親近潮溼腐木而生，長期在原生地觀察發現，有一半以上的植株係在這樣的情況下生長。下回當您到它的棲地作自然觀察時，如果遇到林內地面上有枯倒木，可以判斷看看，在倒伏腐木上頭及周圍發現滿綠隱柱蘭的機會及數量是否比在沒有腐木的林床土面來得多？是否這種植物的生長跟腐木有某種依存關係？這個方向應是一項有趣的研究題材。

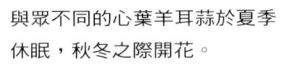

與眾不同的心葉羊耳蒜於夏季
休眠，秋冬之際開花。

特殊習性

　　首先，我們來檢視看看，到底有那些蘭種的習性與眾不同？在此舉出幾個例子加以說明。心葉羊耳蒜（俗稱銀鈴蟲蘭）的生活史就有與眾不同之處。有些蘭種為了渡過寒冷或乾旱季節，會在秋末冬季間落葉後停止生長，進入休眠狀態，這種情形屢見於高山的地生蘭，而白及、玉鳳蘭、脈葉蘭等低中海拔種類也有這種習性。心葉羊耳蒜也會休眠，不過，休眠期卻是在夏季天氣炎熱的時候，此時大而美的心形葉由假球莖頂端枯黃脫落，獨留假球莖進入休眠，待秋季天氣清涼之時，方才由假球莖側萌發新芽，步入新一輪的生長期，花莖包藏在新芽裡，與新芽一起成長，約莫在十月底至十一月初，新葉半成形或近成熟時，便展開花顏，這種夏季休眠而秋冬成長開花的生長習性，有別於一般冬季休眠的蘭類。

銀線脈葉蘭的花莖率先鑽出土面綻放，花開次日，花朵半閉呈半垂狀。（林松霖繪）

【特異的台灣野生蘭】

台灣原生蘭科植物的種類豐富，

已知總數超過340種，它們的生長習性多樣，

植物體與花朵形態各具特色，

然而，個別品種的個體差異就微不足道了，

通常維持在穩定範圍內，

僅偶爾會出現異乎常態的變異個體，

這種情形在台灣時興的蕙蘭屬植物裡眾所皆知。

而鄰國日本民眾

喜愛品賞栽植的長生蘭（即我們這裡的白石斛）

及黑蘭（即台灣的寶島羊耳蒜）的線藝個體等

也都屬於異常的變化，

由於這些特殊的蘭花個體有其稀有性或觀賞性價值，

因此在這本書的開頭首先人略陳述一番，

也特別以影像的方式

讓大家欣賞一下這些特異的野生蘭之美。

此外，某些種類的習性有別於慣常的認知，

或者與其同類大相逕庭，

也一併在這個章節裡予以討論。

A FIELD GUIDE TO WILD ORCHIDS OF TAIWAN

『台灣野生蘭賞蘭大圖鑑』的第一本（上）於2003年5月出版之後，筆者並沒有就此停下腳步，依然循著既有的興趣與理想，往返於台灣各地山區，試著更深入密林禁地，尋訪潛匿於雲山幽谷中的蘭蹤。很幸運的，由於前述台灣野生蘭大圖鑑出版的因緣際會，得以與更多來自各行各業的賞蘭同好結識，在眾人一片熱愛台灣大自然的原動力驅使下，兩年餘的時間裡，有了更深入更廣泛的收穫，並追蹤摸索出十餘種可能是尚未記錄的蘭種。這一次又一次的新發現，讓人領悟到台灣這座島嶼的深邃內涵，也持續吸引我們繼續游走其間，並且謙卑地學習與瞭解大自然。也因此筆者再接再厲又完成了『台灣野生蘭賞蘭大圖鑑』的第二本（中）和第三本（下），期待有更多的人可以好好認識台灣豐沛的蘭科植物資源。

值得一提的，這一次『台灣野生蘭賞蘭大圖鑑』的第二本（中）和第三本（下）的製作，大樹文化特別邀約了優秀的自然生態插畫家林松霖先生，完成了三幅壯觀無比的低中高海拔野生蘭生態圖，以及二十餘幅具代表性或者稀有罕見的野生蘭畫像。相信這樣的努力可以讓生活在台灣的人知道我們擁有的是多麼珍貴的野生蘭自然資源，也更增添了這兩本野生蘭大圖鑑的可看性以及珍藏性。

台灣山林變幻多端的地形地貌環境裡，蘊藏著富饒豐盛的生物種源，而生機多采的植物群相，便是最能表現箇中精髓的一環，尤其是在『台灣植物誌』（Flora of Taiwan）第二版於2000年問世後，台灣豐富的植物資源得以用比較完整的面貌讓國際植物學界來認識，而國際植物學界也將台灣的植物相比喻為世界植物相的縮影。而在這些植物物種當中，家族龐大的蘭科植物更是佔著舉足輕重的份量，堪稱是台灣植物相的重要群落。

在一世紀至半世紀前國外學者對台灣蘭科植物的先驅調查，以及二、三十年前本土優秀學者繼起的研究，台灣蘭科植物圖譜終於有了近乎完整的架構。我們這一代與年輕一輩可以繼續努力，把僅存失落的拼圖找出來，建構台灣蘭科植物完的面貌，並將它們美麗的容顏公諸於大眾。我想這應該是熱愛野生蘭的你與我，都會歡喜追逐的夢想。

林維明

花朵特化

花朵的本身偶爾也會發生異常變化，有的是顏色發生變異，產生白化、黃化或欠缺紅色素的花朵，如白花的鹿角蘭、白花的紅花石斛、白綠花的紅鶴頂蘭、淺金黃花的阿里山豆蘭、綠花的鐵花捲瓣蘭、無斑紋的黃松蘭及無斑紋的黃繡球蘭等等…。

有的變化則發生在花朵形態上，以園藝的角度來看，我們稱此類花形變異的花朵為奇花，人工播種繁殖的香蘭（亦稱台灣香蘭）裡頭，在千株至萬株之中，偶爾會出現花瓣變異成近似唇瓣的模樣及紋理，在蘭界習慣稱這樣的個體為三唇瓣香蘭。

另外，最近在恆春半島發現大芋蘭的變異族群，正常的大芋蘭開翻轉花，而突變的大芋蘭則開非翻轉花，且唇瓣也出現極為明顯的形態變化，即唇瓣變成花瓣的樣子。據台大生態演化研究所王俊能教授初步判斷，可能係控制花朵左右對稱的基因發生缺陷，導致花朵變成輻射對稱。由於這種變異的芋蘭在野地已形成穩定的族群，且大芋蘭未與其混生，台大植物研究所林讚標教授將其發表為大芋蘭的變種，稱為輻射芋蘭。

A 地生蘭

1

2

3

1.原產於桃園小烏來的紅鶴頂蘭,有著典型的花色。

2.紅鶴頂蘭的白變種,此為紅龍果蘭園由瓶苗栽培的開花株。

3.純白花的綬草。

4.台北五股草坪上的綬草有著典型的花色。

B 附生蘭

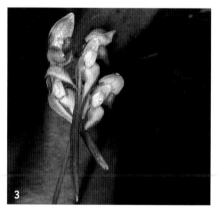

1. 台中大雪山原始闊葉林裡掉落地面的枯枝上附生著典型花色的鹿角蘭。
2. 難得一見的白變種鹿角蘭（謝振榮攝）。
3. 花瓣及萼片深染紅暈的烏來捲瓣蘭（林緯原攝）。
4. 上萼片泛紅花瓣深紅的烏來捲瓣蘭（李昭慶栽培）。
5. 一般花色的烏來捲瓣蘭（王煉富攝）。
6. 宜蘭員山鄉海拔400公尺闊葉林產的阿里山豆蘭，花色為漂亮的翠綠色。
7. 花朵青綠色且唇瓣無斑的一般阿里山豆蘭。
8. 白黃變種的阿里山豆蘭。
9. 青綠色底且佈紫褐細斑的一般阿里山豆蘭。
10. 側萼片歪曲且分開呈外八字姿態的黃萼捲瓣蘭（梁維聰攝）。
11. 典型花朵的黃萼捲瓣蘭。

12..花瓣唇瓣化的香蘭，此類型花朵的個體俗稱三唇瓣香蘭（王煉富攝）。

13.典型花朵的香蘭。

14.青綠色變種的纖花捲瓣蘭（張克森攝）。

15.台灣產纖花捲瓣蘭的典型花朵呈土黃色（李昭慶栽培）。

16.台北坪林闊葉林溪畔附生的一般花色長距石斛。

17.花裂末段白色而基段及距為青綠色的長距石斛（張志慶栽培）。

18.右株為暗紫紅典型花色的紅花石斛，
　左株為稀有的白變種紅花石斛（謝振榮攝）。
19.白變種的鳳蘭（王煉富攝）。
20.典型花色的鳳蘭（張良如栽培）。
21.桃園復興鄉產的大蜘蛛蘭偶見花朵的
　上萼片及花瓣帶褐斑，且多數帶淡雅清香。
22.典型的大蜘蛛蘭花瓣及萼片為純蘋果綠色。
23.高雄桃源鄉產的大蜘蛛蘭特殊個體花朵呈
　黃綠色，花瓣及萼片帶淺褐色塊斑。

19

18

20

21

22

23

24.花朵唇瓣帶紅色大塊斑的黃花石斛。

25.一般花色的黃花石斛。

26.純色型的黃花石斛初開呈綠色（林緯原攝）。

27.純色型的黃花石斛數日後轉為黃色（林緯原攝）。

28.花朵唇瓣帶紅色斑紋的倒吊蘭。

29.典型花色的倒吊蘭。

30.白化型的黃松蘭（張克增攝）。

31.淺色型的黃松蘭（螢橋蘭園栽培）。

32.一般花色的黃松蘭。

33.花朵白化導致花裂呈黃綠色而唇瓣為白色的
　　黃繡球蘭（紅龍果蘭園栽培）。

34.白底色帶深咖啡色斑的一般花色黃繡球蘭。

35.乳黃底色帶深咖啡色斑的一般花色黃繡球蘭。

【野外賞蘭大圖鑑】

WILD ORCHIDS
OF TAIWAN

台灣低海拔的野生蘭

　　台灣低海拔森林原本是熱帶及亞熱帶植物的天堂，樹木物種繁茂鼎盛，以樹為家的蔓性攀緣植物、蕨類、苔蘚、薑類，以及選擇個別喜好部位附生的各種蘭科植物，將山裡的每一棵樹妝點得比聖誕樹還要熱鬧非凡。在大樹的蔽蔭下，林床、枯倒木、石頭、岩壁各個地表層面，處處充滿生機，每一個微氣候環境，皆不乏適應的植物群落，在那裡繁衍、演化，土裡的腐生蘭，林床間的地生蘭，石頭、岩壁上的石生蘭，以及樹蔭下的蘭科群相，幾乎都同樣熱鬧不已。雖然這樣的景況，有許多成份僅停留於老一輩的腦海記憶裡，在我們這一代所及的山林視野，不盡然觸目可及。不過，在僥倖殘存的低山原始森林裡，尤其是在與溪為鄰的闊葉密林之間，我們尚可以拼湊出台灣低海拔蘭科植物的大部份原貌。

▲櫻石斛 P.81（上冊）

●豹紋蘭 P.104（上冊）

▲黃花石斛 P.83（上冊）

▲黃松蘭 P.88（上冊）

●倒垂風蘭 P.132（中冊）

▲長距石斛 P.79（上冊）

▲長距根節蘭 P.64（上冊）

▲滿綠隱柱蘭 P.76（上冊）

▲白鶴蘭 P.66（上冊）

▲台灣根節蘭 P.62（上冊）

▲粗莖鶴頂蘭 P.100（上冊）

▲黃絨蘭 P.85（上冊）

●心葉葵蘭 P.99（上冊）

蘭科植物受惠於溼氣滋養，喜愛親近溪流兩旁，台北坪林金瓜寮溪是
低海拔蘭花的家，這兒的林裡，地生的台灣根節蘭、白鶴蘭、綠花肖
頭蕊蘭、白花肖頭蕊蘭、溝緣隱柱蘭、心葉葵蘭等，還有附生性的花
蓮捲瓣蘭、小豆蘭、長距石斛、倒吊蘭、大腳筒蘭、黃松蘭、台灣風
蘭、烏來風蘭等，各有各的生活天地。

【曠野及向陽地
　　　　與岩壁的野生蘭】

絕大多數的蘭科植物

傾向於生長在有適度遮蔭的山林中，

只有少數像野花野草般，可以適應全日照的環境，

這類出現在曠野、草地及邊坡的種類

包括葦草蘭（俗稱鳥仔花）、白及、禾草芋蘭、白鳳蘭、韭菜蘭及線柱蘭等，

它們都是向陽性地生蘭，其中蕉蘭的情況比較特殊，

它是大型附生蘭，常成大片附著於溪岸向陽峭壁或陡坡上，

有些地點數量極為壯觀，單群由數百乃至上千株密集聚生，

例如南橫公路高雄桃源段的溪流對岸峭壁，

即可觀賞到這樣的景致。

白鳳蘭 *Habenaria dentata(Sw.)Schltr.*

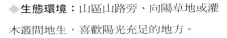

◆ **英名**：White Phoenix Orchid

◆ **別名**：白花玉鳳蘭、大鷺草

◆ **植株大小**：20~40公分高

◆ **莖與葉子**：中型地生蘭，地下塊根橢圓狀，植株長25~50公分，莖細長圓柱狀，綠色，基半段均勻互生3至6枚葉，葉片卵狀披針形或長橢圓形，長7~15公分，寬2~3公分，斜向上生長，深綠色邊緣灰白，紙質。

◆ **花序及花朵**：花莖自莖頂葉間抽出，長40~50公分，近直立，總狀花序著生20至40朵花，花徑2.5~3公分，白色，側裂先端細齒狀，距長管狀，斜向下生，長2.5~5公分。

◆ **花期**：夏季至秋初，尤以8、9月集中盛開。

◆ **生態環境**：山區山路旁、向陽草地或灌木叢間地生，喜歡陽光充足的地方。

◆ **分佈範圍**：台灣的低、中海拔山區均有分佈，產地包括台北福山、桃園那結山、新竹竹東林場、南投日月潭、八通關、東埔、嘉義瑞里、阿里山、台南甲仙、高雄六龜、屏東鹿寮溪、來義社、北大武山、台東紅葉村等，生長環境的海拔高度約為200~2100公尺。

每年秋季，天氣開始轉涼的時候，在中南部鄉間山路旁，有時會遇見頂著細長花莖的白鳳蘭，點綴於雜草堆間，它的雪白花朵在綠草叢間份外醒目，曾經一睹其風采的人，幾乎都會有種驚豔之感。尤其可貴的是，白鳳蘭的花朵不算小，花徑約有3公分大，曲線玲瓏別緻的齒緣唇瓣，讓人格外喜愛。

台灣共有8種玉鳳蘭，花朵以綠色系佔居多，唯一開純白花的，就只有白鳳蘭而已，也因為花朵清新出眾，有別於其它種類，看過的人大多會喜歡上它。

近年來，不知是棲地大量開發，還是遭人採集的緣故，白鳳蘭的身影在野地逐漸消退，如今看到的機會已經愈來愈少了，這樣的情形同樣也發生在台灣許多蘭種的身上。原始林的消失，林相人工化，定期清除枯倒木及殘枝雜草，使得許多物種族群隨之消失，尤其是向陽性的蘭花種類，與人們往來頻繁的山路比鄰而居，往往受到的衝擊最直接也最大，例如葦草蘭（鳥仔花）就是一個典型的瀕危例子。

蕉 蘭 *Acampe rigida*(Buch.-Ham ex J. E. Sm.)Hunt

◆**英名**：Long-leaved Acampe

◆**別名**：芭蕉蘭、長葉假萬代蘭

◆**植株大小**：50~150公分高

◆**莖與葉子**：植物體高大壯碩的單莖類附生蘭，性好沿著樹木枝幹或岩壁攀緣向上生長，十至二十餘枚長帶形葉子，二裂互生，長25~45公分，寬3~5公分，綠色或黃綠色，厚革質帶光澤，末端鈍頭或凹頭，基部有堅硬的葉鞘。

◆**生態環境**：山區溪岸岩壁、土石坡地或闊葉林裡，附生在樹木枝幹上，喜歡濕熱、日照充足的環境。

◆**花期**：春季至夏季

◆**花序及花朵**：花莖自莖側葉腋向上抽出，長10~25公分，直立粗硬，著花10至30朵，花朵半張，花徑約2公分，黃白色，帶紅色或紅褐色橫紋。

◆**分佈範圍**：全台灣的低海拔山區均有分佈，產地包括台北烏來、平溪、土城、三峽、新竹五峰、南投水里、高雄荖濃、寶來、桃源、台東大武等，生長環境的海拔高度約為300~800公尺。

蕉蘭的粗壯花莖由莖側葉腋間抽出，淺黃帶紅色橫紋的花朵姿態半張，不時散發香氣，這是蕉蘭開花時給人的第一印象。

蕉蘭又名芭蕉蘭，因為結果時蒴果的排列情形宛如一把小芭蕉，相信看過它結果的樣子，會覺得這個名字挺適合的。若是由植株的角度觀察，那高大粗壯的單莖生長特質，莖上排著兩列互生的硬實革質長葉，一副萬代蘭類植物的標準模樣，所以也有人叫它長葉假萬代蘭。

春、夏季是蕉蘭的花季，粗硬的花莖由莖上半段的節斜向上側生而出，著花10到30朵，花朵半張，淺黃底色帶橫向紅色線條是它的特色，香味頗濃。

蕉蘭的外形很像豹紋蘭，兩種同具高大的株身，莖部既粗又壯，根系十分發達，不開花的時候，有時根本分辨不出究竟是那一種。若單就經驗來判斷，蕉蘭的莖硬實、葉粗厚更甚於豹紋蘭，而且

其葉片的顏色較淺，可能係接受較多陽光照射的關係，通常呈青綠色或黃綠色。其氣生根粗長，甚至比豹紋蘭的根還粗。此外，兩種蘭花的花形與花色也相當類似，只不過蕉蘭的花半張，花裂帶橫向紅色線條，而豹紋蘭的花朵平展，花裂佈滿不規則斑紋。

蕉蘭廣泛分佈於亞洲的熱帶地區，產地包括中國南部、喜馬拉雅山區東部、印度、斯里蘭卡、越南、泰國、馬來西亞等地區。在台灣，它零星散佈於南北各地，主要生長於低海拔山區溪流沿岸的岩壁或闊葉大樹上，在某些生長地可見龐大的族群滿佈一處岩壁。喜歡在光線良好的地方附生，有的尚且完全裸露，以接受充足的日照。

蕉蘭的生長習性既強悍又獨特，喜歡成簇群聚附著在低海拔溪流兩岸崖面岩壁，炎夏炙熱的直射陽光難不倒它，圖中的蕉蘭成叢生長在高雄荖濃溪畔的峭壁上。

腳根蘭 *Herminium lanceum*(Thunb. & Sw.)Vuijk

◆**異名：**

Herminium lanceum (Thunb.)Vuijk var. *longicrure*(C.Wight)Hara

◆**別名：**細葉零餘子草

◆**植株大小：**

10~20公分高，開花株20~50公分高。

◆**莖與葉子：**林緣地帶的中小型地生蘭，地下塊莖呈卵狀體或橢圓體，長1~3公分，莖細長10~20公分，生有2至4枚線形或線狀披針形葉片，長10~20公分，寬0.7~1.2公分，綠色紙質。

◆**生態環境：**針葉林、闊葉林林緣的半透光坡地或向陽草地生，常成群散佈於一區域內。

◆**分佈範圍：**台灣的低、中、高海拔分佈，產地包括台北淡水、野柳、劍潭山、竹子山、烏來、石碇、北宜公路、桃園坪頂大湖、新竹樹海、宜蘭南湖大山、南澳、蘇花公路、花蓮太魯閣、苗栗鹿場大山、台中雪山、南投八通關、梅峰、嘉義阿里山、屏東北大武山等，生長環境的海拔高度約為100~3000公尺。

◆**花序及花朵：**花莖由莖頂葉間抽出，直立或向上傾斜，長10~30公分，密生40至80朵小花，花朵半張，花長約1公分，綠色或黃綠色。

◆**花期：**春季、夏季至初秋

　　腳根蘭屬的植物廣泛分佈於歐亞溫帶及亞洲溫帶、亞熱帶地區，總共30至40種。台灣僅產一種，即腳根蘭（與屬名同名），本種不只產在台灣，也普遍分佈於喜馬拉雅山區、印度、中國、韓國、日本、泰國及馬來西亞等地。

　　在我們這裡，北起台北淡水、野柳，南至屏東北大武山，由北到南均有記錄，而且海拔分佈落差亦相當大，由臨海的蘇花公路海拔約100公尺的低山起，海拔最高約500公尺的北宜公路，花蓮太魯閣海拔1500公尺，新竹樹海海拔2000公尺，一直上至海拔3000公尺的高山，都有發現紀錄，適應能力相當強悍，本地的蘭科植物當中，大概只有白及能與之匹敵，可惜腳根蘭的植物體形似其生長地周遭的小草本植物，而長穗綠色小花又與背景植物類似，不易被人察覺，以致沒有白及那樣的知名度。由於腳根蘭的分佈範圍廣泛，海拔高低落差也大，因此各地花期不盡然相同，通常低地的植株在春天開花，如北宜公路的腳根蘭在四月起就有部份植株綻放；中海拔的植株多在春末至夏初開花，如新竹樹海的植株在六月盛開；高海拔的腳根蘭開花較遲，多在盛夏開花，少數持續到入秋才凋謝。

韭葉蘭 *Microtis unifolia*(Forst.)Reichb.f.

◆ **異名**：*Microtis formosana* Schltr.

◆ **植株大小**：10~30公分高

◆ **莖與葉子**：中、小型地生蘭，地下塊
莖狀根近球形，徑約1公分，莖纖細，徑
約0.2公分，葉單生，葉片細長圓柱狀，
長10~20公分，徑約0.3公分，深綠色，
肉革質。

◆ **花序及花朵**：花莖自莖頂抽出，長
10~20公分，直立，上半段密生10至25
朵小花，花徑0.2~0.3公分，淺綠色。

◆ **花期**：夏末至仲秋，主要在8、9、10
月開花。

◆ **生態環境**：向陽的草地地生，通常生
長於陽光充足、土壤潮濕的環境。

◆ **分佈範圍**：台灣的低、中海拔零星分
佈，產地包括台北五股、烏來、石碇、
南投郡大林道、嘉義塔塔加等，生長環
境的海拔高度約為100~2000公尺。

在一片綠油油的草地上，想要能夠看到
韭葉蘭，實在有如大海撈針般的不容易。
韭葉蘭的植物體構造簡單，纖細的莖上長
著一枚細長圓柱狀的葉，花期時由莖頂抽
出一支細長花莖，加上全身上下連花朵都
是綠色的，在這樣的前提下，除了要運氣
好，剛好瞧見它開出一串小綠花，要不然
就是眼力超群，否則要發現它實在很難。
也許就是這樣的因素，很少聽聞有關韭葉
蘭的消息。

韭葉蘭在夏末至初秋之際開花，曾經遇
見過兩次。一次是在台北縣二重疏洪道草
坪，同一片草坪在春天有綬草、線柱蘭開
花，春末至夏季則有禾草芋蘭開花；另一
次是在石碇看到的，兩個地點都位在低海
拔地區。

線柱蘭 *Zeuxine strateumatica*(L.)Schltr.

◆ **英名**：Lawn Orchid

◆ **植株大小**：8~18公分高

◆ **莖與葉子**：小型的向陽性地生蘭，根莖近直立，生有5至7枚葉，葉片線形或線狀披針形，長5~7公分，寬約0.5公分綠色或帶褐色，紙質。

◆ **花期**：冬末至春季

◆ **花序及花朵**：花莖自莖頂抽出，密生10至40朵小花，花朵半張，花徑0.3~0.4公分，花長0.6~0.8公分，白色，唇瓣黃色。

◆ **生態環境**：向陽草地，喜歡陽光充足的環境。

◆ **分佈範圍**：台灣的低海拔地區零星分佈，產地包括台北木柵、南港、五股、宜蘭大同、花蓮鳳林、壽豐、屏東楓港等，生長環境的海拔約在平地至300公尺間。

每當冬末回暖，春陽初露，綿雨飄臨，大地啟動季節轉換的時候，綠地上的線柱蘭是最先感應那股回春氣息的野生蘭之一，不論是河濱、公園、校園、廠區、山徑乃至墓地上，舉凡有向陽草坪、邊坡存在的地方，幸運的話，就可發現成串的灰白花柱，或疏或密，散佈在草地上。這樣的環境，同時也是綬草與禾草芋蘭等向陽性地生蘭喜愛的地方，有時候還可看到它們合譜春花組曲！

線柱蘭的外觀很簡單，春暖時由地面竄起的莖直立向上，5到7枚線形葉也是斜向上生長，讓人感覺很有精神的樣子。莖葉開始成長的時候，花莖也同時生成，當莖葉尚在蓬勃成長時，莖頂的花莖便等不及綻放開來了，花莖上花朵排得滿滿的，少則10來朵，多的有40朵，花期可以持續整個春天。

線柱蘭的花朵小小的，花徑不到半公分，不過，純潔的白色，搭配黃色的唇瓣，還有那陪襯的灰綠細葉，只要您靜下心來仔細端詳，仍能體悟一份素雅中帶點野豔的自然色彩。

線柱蘭的花大部分呈白色，中間伸出來的黃色舌狀部位是它的唇瓣。

【闊葉林與
雜木林的野生蘭】

海拔800公尺以下的低山地區，

北部呈現亞熱帶氣候特徵，

四季分明，

冬季冷涼，夏季炎熱，

除了少數保留下來的原始闊葉林，

大多以再生的雜木林為主。

想要找到較多種類的野生蘭，

還是以保留區的原始闊葉林較有機會。

台灣糠穗蘭 *Agrostophyllum inocephalum*(Schauer)Ames

◆**英名**：Rattlesnake Orchid

◆**別名**：台灣禾葉蘭、糠穗蘭、無頭千歲蘭、蛇頭蘭

◆**植株大小**：30~70公分高

◆**莖與葉子**：中大型的複莖類附生蘭，莖扁，葉子二裂互生，呈疊抱排列，10至20枚，葉片寬線形，長12~25公分，寬1.5~2.5公分，綠色至墨綠色，帶光澤，薄軟革質，葉鞘宿存。

◆**花期**：秋季至初春

◆**花序及花朵**：花莖自莖側葉腋抽出，極短，花序頭狀，由許多短分支組成，每分支著花2至3朵，花朵半張，花徑0.4~0.7公分，花朵白色，有的會轉黃，花藥黃色。

◆**生態環境**：山區闊葉林裡附生在樹木枝幹、樹頭、岩石上面，喜歡濕熱、陽光充足的環境。

◆**分佈範圍**：分佈於南部的低海拔山區，產地包括屏東老佛山、歸田、台東壽卡、浸水營、新化農場等，生長環境的海拔高度約為300~600公尺。

糠穗蘭這個屬（又稱禾葉蘭屬）總共約有100種，主要分佈於印尼、馬來西亞、菲律賓及新幾內亞。台灣不是這屬的主要分佈地，境內目前已知僅產台灣糠穗蘭一種，產地在恆春半島東邊，族群數量稀少，發現次數並不多。恆春半島的植物相與菲律賓北方島嶼有互通關係，也產在菲國的台灣糠穗蘭便是其中一個很好的例子。

台灣糠穗蘭一般的植株大小大概在30至40公分之間，不過偶見的陳年老株會長成龐然大物，單叢由近百支莖組成，最長的莖可達70公分，整叢的重量有一、二十公斤之多，實在超乎我們的想像。

美麗寶島的森林裡環境豐饒，蘊藏著許多深不可測的生物資源，許多巨大的蘭科物種深藏於其中，台灣糠穗蘭只是其中之一，其他如黃花石斛、雙花石斛、小雙花石斛、豹紋蘭、短穗毛舌蘭（又稱鳳尾蘭）、倒垂風蘭（又稱吊我蘭）、厚葉風蘭（又稱肥垂蘭）等，都有超乎我們想像的巨大個體存在。

台灣糠穗蘭屬於複莖類蘭科植物，陳年老株常成大簇，一般植物體的長度在30至40公分之間，該叢由近百株組成，最長的株身達70公分（王煉富攝）。

台灣糠穗蘭的短花莖由莖頂葉間長出，花序近球狀，上頭密生數十朵細小花朵，花色米白，蕊柱呈黃色。

恆春金線蓮 *Anoectochilus koshunensis* Hayata

◆ **英名**：Kaohsiung Jewel Orchid

◆ **別名**：高雄金線蓮

◆ **植株大小**：5~10公分高

◆ **莖與葉子**：莖長8~25公分，基段匍匐於土面，前段直立向上，生有2至4枚葉，葉片卵形或卵圓形，長2.5~4公分，寬2.2~3.5公分，墨綠底色，上佈銀白色網紋，紙質。

◆ **生態環境**：山區原始闊葉林或人造針葉林地生，喜陰濕清涼、富含腐植質的環境。

◆ **分佈範圍**：全台灣的低、中海拔山區均有分佈，產地包括台北北插天山、桃園尖山、宜蘭卑南、花蓮洛紹、南投關刀溪、溪頭、和社、蕙蓀林場、郡大林道、嘉義三角南山、高雄多納、屏東霧台、老佛山、高士佛山、台東太麻里、利稻、大武等，生長環境的海拔高度約為300~2000公尺。

◆ **花期**：夏季至秋季，10月盛開。

◆ **花序及花朵**：花莖自莖頂葉間抽出，長10~20公分，直立，著花1至6朵，花朵不轉位，花徑1.5~2.3公分，花裂紅褐色至咖啡色，末端帶白色，唇瓣白色，有的帶紫色脈紋。

談到金線蓮，自然直覺聯想到台灣特有的台灣金線蓮，因為這種植物具有療效，人工大量繁殖，並製成各種產品，已然成為家喻戶曉的名蘭。其實，我們島上還有另外一種金線蓮，叫做恆春金線蓮（也稱高雄金線蓮），同樣是台灣的特有蘭種，因為植物體幾乎與台灣金線蓮一模一樣，不開花時，根本分不出到底是那一種。雖然恆春金線蓮分佈於全台灣，可是其族群數量零散，在野外遇著的機會實在不多。

每年的夏末到仲秋是恆春金線蓮開花的季節，也是觀察它的最佳時機。究竟是不是恆春金線蓮，端看花的唇瓣，便可一目了然。直立的花莖由莖頂葉間抽出，花莖上段的總狀花序間隔有序地著花2到6朵，但桃園尖山的個體花莖頂端則著生單朵花。恆春金線蓮的花朵不轉位，所以大而醒目的白色唇瓣在上位，相對小的花裂在下位，而台灣金線蓮的花朵轉位180度，以致唇瓣在下，花裂在上。另外，恆春金線蓮的唇瓣中段兩側各有一近似長三角形的片狀物，前端離生成二裂，裂片為長橢圓形，而台灣金線蓮的唇瓣中段兩側各有一排線狀裂片，整體看來像魚骨，也有點像羽狀裂，前端也是二裂，裂片也呈長橢圓形。

屏東老佛山海拔300公尺一處
闊葉林裡植物茂盛，若不是這
株恆春金線蓮的花莖上開了多
達6朵的花，而且唇瓣白皙引
人注目，實在不容易在這不見
土面的密林裡發現它。

桃園尖山海拔1100公尺闊葉林
床的枯枝乾葉間竄起的恆春金線
蓮，花莖頂生單花，花形姿態是
不是有點像希臘神話中的人頭馬
？淺土黃色的唇瓣跟本種慣常所
見的白色唇瓣不太一樣。

山林無葉蘭 *Aphyllorchis montana* Reichb. f.

◆**英名**：Mountain Aphyllorchis

◆**別名**：紫紋無葉蘭

◆**植株大小**：30~45公分高

◆**莖與葉子**：莖無葉的腐生蘭，地下根莖短，根粗成束。

◆**花期**：夏末至秋初，於8、9月盛開。

◆**花序及花朵**：花莖自土裡的根莖上破土直立向上生出，長30~90公分，徑約0.35公分，淡綠色，上佈紫色條斑，鬆散的總狀花序著花10至25朵，花徑約2公分，淺黃色，花裂外部帶紫色斑紋。

◆**分佈範圍**：台灣的低海拔山林零星散佈，發現的次數不多，產地包括台北烏來、拉拉山、桃園復興、台中惠蓀林場、大雪山、南投蓮華池、屏東南仁山等等，生長環境的海拔高度約為250~1200公尺。

◆**生態環境**：闊葉林內地生，平時根、莖埋在地下，不見植物體，只在花莖露出時才見其存在，通常生於陰濕環境。

山林無葉蘭是無葉的腐生蘭，平時埋身於地底下生活，人們無法察覺得到它，只有在夏末、初秋，花莖露出土面開花的時候，方才知道它的存在。山林無葉蘭的發現次數很少，由南到北僅零星散佈，且每個地點只有小族群，或者少數幾株，能夠遇到的話，算是非常幸運的。

首次遇到山林無葉蘭，是在1999年8月下旬，一趟暢遊台北烏來原野山林的旅程，於海拔250公尺一處山澗水氣瀰漫的雜木林裡，欣賞美麗的長距根節蘭開花的當兒，巧遇幾株山林無葉蘭也在附近樹蔭下綻放著花朵，橄欖綠帶紫色斑紋的花莖粗而直挺，上頭總狀排列間隔有序，著生十幾至二十朵乳黃帶細紫斑的半張花朵，不知是自花授粉，還是未曾謀面的授粉蟲媒已經造訪過，花莖上閉合或將謝的花，梗生子房都有脹大現象，顯然已經完成授粉了。結果率高的現象，似乎為這短暫露土的腐生蘭，爭取到某種程度的存續空間。

無葉蘭屬的種類不多，只有12種，分佈於亞洲、澳洲、新幾內亞的熱帶與亞熱帶地區，台灣產的就只有山林無葉蘭一種，這種腐生蘭在台灣雖然不常見，不過分佈很廣，在亞洲許多國家都有。

山林無葉蘭屬於腐生蘭類，一年中只在夏末至
秋初花期時才露出土面，加以分佈零星，相遇
純屬機運，圖中幾株正值開花，見於台北烏來
海拔250公尺山澗旁的雜木林裡。

龍爪蘭 *Arachnis labrosa*(Lindl. & Paxt.)Reichb. f.

◆ **異名：**

Armodorum labrosum（Lindl. & Paxt）Schltr.

◆ **英名：** Dragon's Nail Orchid

◆ **別名：** 長葉假萬代蘭，腎藥蘭

◆ **植株大小：** 30~100公分高

◆ **莖與葉子：** 中型至大型氣生蘭，通常莖多少有點彎曲，長30~150公分，莖中下段生粗根，葉子二列互生，葉片線形或線狀舌形，前端呈不對稱二裂，姿態彎曲，長15~60公分，寬2~4公分，深綠色，軟革質。

◆ **花期：**

夏末至秋初，以8、9月開花居多。

◆ **花序及花朵：** 花莖由莖側葉腋抽出，多具分支，長25~200公分，橫向伸出，末端微向下彎曲或彎曲下垂，鬆散排列6至30朵花，花徑3~3.5公分，花朵有兩色型，常見的色型為黃綠底佈褐斑或紫褐斑，綠花型的較少見。

◆ **生態環境：** 附生在山區闊葉林的樹幹、粗枝或林內岩壁上，偶見於鄉間市鎮的大樹上，喜歡半透光、夏濕冬乾的環境。

◆ **分佈範圍：** 主要分佈於台灣的中、南部低海拔及中海拔地區的下層地帶，北部及東部零星散佈，產地包括台北烏來、平溪、桃園復興、小烏來、宜蘭、花蓮玉里、苗栗卓蘭、台中烏石坑、南投埔里、嘉義中埔、高雄寶來、高中、桃源、復興、屏東南大武山等，生長環境的海拔高度約為250~1100公尺。

在台灣本島山區可見的中大型單莖性萬代蘭類植物，有豹紋蘭、蕉蘭（芭蕉蘭）、虎紋蘭與這裡所介紹的龍爪蘭等4種，如果加上外島蘭嶼的烏來閉口蘭（綠花隔距蘭）與雅美萬代蘭，那麼屬於這類的植物就有6種。除了虎紋蘭與烏來閉口蘭是同一屬外，其它4種分別屬於不同的屬，豹紋蘭屬於豹紋蘭屬，蕉蘭屬於脆蘭屬，龍爪蘭是屬於龍爪蘭屬（腎藥蘭屬），雅美萬代蘭則屬於萬代蘭屬。

龍爪蘭屬植物為熱帶、亞熱帶植物，主要產於喜馬拉雅山、印度東北部、中國南部、東南亞、南太平洋群島及新幾內亞，約有10種，但台灣就只有龍爪蘭一種，是一種廣泛分布於亞洲大陸的熱帶及亞熱帶地區的野生蘭。

龍爪蘭的根莖粗韌而且葉片呈革質，也是長得一副萬代蘭的模樣，於是也有人稱之為長葉假萬代蘭。如果拿來與台灣其它5種萬代蘭類植物相比，龍爪蘭的特色在於彎曲有幅度的莖，以及長帶狀且稍柔韌的革質葉。此外，花莖也是其特點之一，大株的龍爪蘭花莖非常長，較長的可達100公分，最長的則有200公分。花朵萼片及花瓣都是線形，而且可以張得很開，花為蠟質，壽命蠻長是它的優點。

1.龍爪蘭喜愛攀附在採光良好的大樹上頭，圖中這叢大型龍爪蘭纏附在約2尺高的小樹殘幹上下，毫無遮蔽地承受南部烈陽，莖葉反而厚實油亮，最長的植株超過1公尺，粗大根系滲入土表層，說它是地生蘭也不為過。

2.淺綠底佈紫褐斑紋為龍爪蘭的典型花色。

3.淺綠的花朵開過幾天後轉為鮮黃色，即將凋謝前幾呈金黃色，在陽光照拂下，顯得耀眼不已。

4.2004年9月初遊訪高雄桃源鄉，巧遇龍爪蘭開花，懸垂而下的花莖攜著幾朵淺綠花朵，野地蘭姿總是那麼自然而不矯揉造作。

台灣竹節蘭 *Appendicula formosana* Hayata

◆**異名：**

Appendicula reflexa auct. non Blume

◆**英名：**Taiwan Bamboo Orchid

◆**別名：**台灣竹葉蘭、竹葉蘭

◆**植株大小：**15~50公分長

◆**莖與葉子：**中小型附生蘭，短株近直立或橫生，長株斜向下或下垂生長，莖叢生，莖長8~48公分，葉子佈滿全莖，二列互生或交疊互生，基部老葉隨時日漸次脫落，葉片長橢圓形，長2~4公分，寬0.5~1.5公分，草綠色，帶光澤，軟革質。

◆**花期：**花期不定

◆**花序及花朵：**花莖極短，由莖的前半段側面或莖頂葉腋抽出，長約1公分，5至15朵迷你小花，密生如頭狀，花徑約0.5公分，淺綠色。

◆**生態環境：**常綠闊葉林裡生長在樹幹、粗枝或岩壁、土石坡上，喜歡空氣溼度高、半蔭或有透光照射的環境。

◆**分佈範圍：**台灣的東部、南部零星分佈，產地包括花蓮光復、秀林、萬榮、台東浸水營、嶍卡、屏東牡丹、老佛山、高士佛山、南仁山等，生長環境的海拔高度約為200~1200公尺。

台灣竹節蘭又名台灣竹葉蘭，也叫竹葉蘭，因為植株的姿態與莖葉的氣質都讓人聯想到竹的樣子，所以才有這樣的稱謂。這種蘭花基本上屬於中小型的附生蘭，一般植物體多在15~25公分以內，只有少數特大植株可長到50公分長，它偏愛生長在闊葉林內樹幹的低層部位，在原生地要觀察其生態比較容易。話雖如此，但也不完全是對的，在某些產地往往長在大樹的高處，例如花蓮紅葉溫泉山地部落裡的台灣竹節蘭，就是長在茄苳老樹離地約兩層樓高的上層樹幹，它的上方同時還附生著寬幅達一公尺以上的特大叢長腳羊耳蒜。

台灣竹節蘭具有筆直的莖部，兩側勻稱，排列著近平坦的長橢圓葉，草綠乃至黃綠色的軟革質葉片油亮光滑，讓人感覺到一股優雅的紳士味道，光看植株就頗有好感，也多虧是如此，否則只有半公分大的淺綠小花綻放時，恐怕會讓許多人有點遺憾。

台灣竹節蘭在分類上屬於竹節蘭屬(竹葉蘭屬)，總共約有150種，主要分佈於馬來西亞、印尼、太平洋島嶼等地。在台灣有兩種，本種產於台灣本島東部及南部，喜歡附生在樹幹、樹枝或岩壁，習性上屬於附生植物，另外一種叫長葉竹節蘭，僅產於蘭嶼，發現地多在山坡密林中接近樹頭的部位，或者就長在地面，習性上比較接近地生，所以過去有人稱之為地生竹節蘭。

除此之外，在林讚標教授的『台灣蘭科植物』第二冊裡介紹了另一種本屬植物叫「蘭嶼竹節蘭」，林教授將它處理為台灣竹節蘭的變種，而在『台灣植物誌』第二版第五卷（Volumn Five，Second Edition, Flora of Taiwan）裡面，則把蘭嶼竹節蘭併入台灣竹節蘭

裡頭。最近有幸蒙林業試驗所助理研究
員鐘詩文先生慨然分享，在所內溫室裡
觀察了蘭嶼竹節蘭，從外觀可以觀察到
幾項特點，即植物體較小，多數不超過
15公分，葉片比較薄軟，為帶光澤的暗
墨綠色，且微帶透明，觸摸起來的質感
與台灣竹節蘭有程度上的差異。當時8
月正值開花期，其花莖多是由近莖頂的
節上抽出，花的顏色較具色彩，唇瓣的
形狀也略有小差異，基於實際的觀察，
筆者主觀上認為蘭嶼竹節蘭有其獨特性
，因此傾向於林教授對於這種植物的分
類處理。

長葉竹節蘭 *Appendicula terrestris* Fukuy.

◆**英名**：Long-leaved Bamboo Orchid

◆**別名**：蘭嶼竹節蘭、地生竹節蘭

◆**植株大小**：35~50公分長

◆**莖與葉子**：中型附生蘭，植株斜向下或下垂生長，莖叢生，莖長30~45公分，葉子佈滿全莖，二列互生，葉子與莖幾乎成直角，基部老葉隨時日漸次脫落，葉片披針形或披針狀長橢圓形，長5公分左右，寬約1公分，草綠色，帶光澤，軟革質。

◆**花期**：花期不定

◆**花序及花朵**：花莖極短，由莖側或莖頂葉腋抽出，長0.5~1.5公分，著生7至10朵迷你小花，密生如頭狀，花朵半張，不轉位（非翻轉花），花徑約0.2~0.4公分，白色。

◆**生態環境**：生長在熱帶叢林的樹幹基部或坡地，喜歡溼熱、半透光的環境。

◆**分佈範圍**：台灣特有種，蘭嶼島上零星分佈，生長環境的海拔高度約為200~300公尺。

　　長葉竹節蘭為台灣特有的野生蘭，僅產於蘭嶼島上，多生長在山坡密林中接近樹頭的地方，有的長在地面，所以也有人稱它為地生竹節蘭。

　　長葉竹節蘭的植株大小通常超過30公分，最大的可達到50公分長，植株一般比姐妹種台灣竹節蘭長一些，且葉片稍為尖長，為披針狀長橢圓形，要作分辨不是很困難。

1.本種僅產於外島蘭嶼，花朵呈白色。

2.長葉竹節蘭的植株一般較台灣竹葉蘭長一些，葉片較瘦長，呈披針形或披針狀長橢圓形，葉子排列沒有那麼密。

台灣捲瓣蘭 *Bulbophyllum taiwanense* (Fukuy.) Nackejima

◆ **英名**：Taiwan Cirrhopetalum

◆ **植株大小**：3.5~7.5公分高

◆ **莖與葉子**：迷你氣生蘭，根莖木質化，假球莖間距0.5~2公分，假球莖卵狀或球狀，略微歪斜，長0.6~1.2公分，徑0.4~0.8公分，頂生1葉，葉片橢圓形或長橢圓形，長2.6~5公分，寬0.8~2公分，葉表深綠色，葉背淺綠色，厚革質。

◆ **花期**：春季與夏末，4月至5月盛開。

◆ **花序及花朵**：花莖自假球莖基部側面斜向上抽出，長2~10公分，繖形花序於花莖末端著花3至8朵，花長1.2~1.8公分，花徑0.6~0.8公分，初開為白橘色或淡橘色，而後轉為橘色或橘紅色。

◆ **生態環境**：附生在原始闊葉林的樹木枝條，喜歡涼爽高溼、通風、遮蔭的環境。

◆ **分佈範圍**：台灣特有種，中部以南的低、中海拔山區，產地局限，族群主要集中在恆春半島，已知產地包括花蓮拉庫拉庫溪、台東新化、大烏山、浸水營、安朔、嶹卡、屏東南仁山、潮洲、牡丹等，生長環境的海拔高度約為300~1000公尺。

台灣捲瓣蘭是台灣特有的美麗蘭花。

1

2

珍稀難遇的台灣特有迷你蘭，台灣捲瓣蘭最早是由日本人賴川孝吉於1934年在恆春半島牡丹鄉的森林裡發現，隔年由日本人福山伯明正式發表。時至今日近70個年頭，已知的發現次數不過數回而已，地點多半集中在南部地區。

由目前所認知的情形來判斷，這種植物的族群數量似乎非常有限，不過如果從另一個角度來考慮，由於日人離台後的幾十年來，投入本土蘭科植物分類學術研究的學者寥寥可數，加上台灣的山林錯綜複雜，尚有許多深林谷壑未曾詳細探查，而且台灣捲瓣蘭的植物體與花蓮捲瓣蘭、長軸捲瓣蘭、黃花捲瓣蘭、鸛冠蘭等均有幾分相似，究竟這種蘭花的分佈範圍如何?實際數量多少?人們對它的瞭解恐怕也只是鳳毛鱗爪罷了。

台灣由於巍峨壯麗的中央山脈縱橫於全島，地形錯綜複雜，至今仍有許多山區所知有限，欲使台灣的生物圖譜早日描繪完成，實有賴你我的熱誠，共同來填補那未知的空際。

1.台灣捲瓣蘭為迷你氣生蘭，花朵初為白橘色，後來會轉成橘色。（林松霖繪）

2.附生在倒木粗糙樹皮表面的台灣捲瓣蘭，有些假球莖基部抽出花莖，正開著花。

3.產於南部熱帶低地的台灣捲瓣蘭，對於人工栽培環境的適應性不錯，只要稍加留意，植株成長及開花並無太大問題（植株由李昭慶先生栽培）。

坪林捲瓣蘭

Bulbophyllum hirundinis (Gagnep.) Seidenf. var. sp.

◆ **植株大小**：5~7.5公分高

◆ **莖與葉子**：迷你氣生蘭，根莖匍匐，假球莖間距0.5~1.5公分，假球莖長卵狀或卵球狀，長1~1.5公分，徑0.6~1公分，頂生1葉，葉片長橢圓形或線狀長橢圓形，長3~4公分，寬1~1.5公分，葉表深綠色，葉背淺綠色，厚革質。

◆ **花期**：春季

◆ **花序及花朵**：花莖自假球莖基部側面斜向上抽出，長5~8公分，繖形花序於花莖末端著花4朵，花長約2公分，花徑約0.4公分，花色大底呈橘、黃兩色，上萼片、花瓣以及側萼片基半部初開時呈橘褐色，爾後轉至橘紅色，且上萼片與花瓣邊緣生橘紅長毛，而側萼片末半段初開時呈為黃綠色，爾後轉為黃色再至橘黃色，側萼片筆直平行斜向下伸出。

◆ **生態環境**：附生在原始闊葉林的樹木枝條上，喜歡清涼、潮溼、通風且有蔽蔭的環境。

◆ **分佈範圍**：台灣北部的低海拔山區有零星記錄，產量稀少，已知的產地包括台北坪林，生長環境的海拔高度約為600~700公尺。

坪林捲瓣蘭的植株及花序背面。

珍奇美麗的坪林捲瓣蘭，
花朵的奇特長相值得細細欣賞。（林松霖繪）

第一次注意到這種珍奇美麗的豆蘭屬植物，係在2004年4月於好友張良如先生的蘭房中，看到一叢不太熟悉的台灣原生豆蘭，當時已有一支含苞的花莖抽出，經借回代為栽培並細心觀察，兩個禮拜後順利開花。本種的花朵長度約2公分，近似長軸捲瓣蘭的花長，但花色與花形則比較接近花蓮捲瓣蘭。此外，它的花莖若與鵠冠蘭、黃花捲瓣蘭、花蓮捲瓣蘭及長軸捲瓣蘭等近緣種類作比較，都顯得纖細了一點。究竟它的身份為何？是否為尚未記錄的蘭種？或者為花蓮捲瓣蘭的變異種或特殊型？有待蘭科分類學者來加以釐清。為了便於指認區別，在此以發現地為由，非正式將它取名為坪林捲瓣蘭。

為了瞭解這種稀有豆蘭的生長環境，在原發現者張氏蘭友的引領下，親臨了原生地一探究竟。那是一處北部美麗的低海拔天然林，坪林捲瓣蘭就長在娟秀山溪邊小瀑布上方的樹木枝條上頭，同一棵樹上面還伴隨著紫紋捲瓣蘭與大腳筒蘭，旁邊的樹幹上則附生著大叢的烏來捲瓣蘭，溪的另一邊，斜出水面上的樹幹腹側，則有長距石斛懸垂而生，隨著清風擺蕩，與坪林捲瓣蘭遙相呼應，兀自構築了一座野生蘭的私密花園。

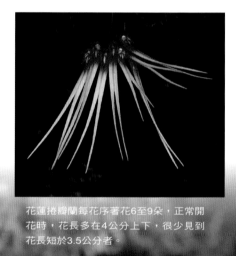

花蓮捲瓣蘭每花序著花6至9朵，正常開花時，花長多在4公分上下，很少見到花長短於3.5公分者。

坪林捲瓣蘭的花莖細，直徑0.1公分，長度則在7至8公分左右，末端繖形排列4朵花，花長僅約2公分，各方面性狀顯然皆比花蓮捲瓣蘭小一號。

細點白鶴蘭

Calanthe triplicata (Willem.) Ames x *Calanthe alismaefolia* Lindl.

◆ **植株大小**：35公分高

◆ **莖與葉子**：假球莖密接成排，棍棒狀
，徑2~2.5公分，葉子3、4枚橢圓狀倒
卵形，長35~45公分，寬10~12公分，
深綠色，紙質。

◆ **花期**：6月開花

◆ **花序及花朵**：花莖自假球莖基部側面
抽出，長55公分，直立，頂部總狀花序
著花數十朵，花朵白色，唇瓣上瘤狀物
橘黃色。

◆ **生態環境**：地生於闊葉林內的溪邊坡
地，喜富含腐植質的陰蔽、潮溼環境。

◆ **分佈範圍**：已知的產地為台北三峽，
生長環境的海拔高度約500公尺。

細點白鶴蘭的花朵近照顯示，唇瓣上的瘤狀
體性狀介於白鶴蘭與細點根節蘭之間。

　　2003年6月，在蘭友李昭慶先生處看到
一盆根節蘭，植株為白鶴蘭的樣子，僅
根部稍微細一點，花朵也大抵是白鶴蘭
的模樣，惟花莖、苞片及萼片背面帶有
細點根節蘭所具備的暗色細點，且唇瓣
上的瘤狀物較白鶴蘭的瘤狀物飽滿突出
，比較接近細點根節蘭的瘤狀物，筆者
因而懷疑該叢根節蘭可能係白鶴蘭與細
點根節蘭在野地自生的天然雜交種。

　　隔年7月，筆者請李氏一起到原發現地
一探，看看是否能找到野生的開花株，
惟並未達成願望。不過，該片溪畔森林
中確實長了不少白鶴蘭，以及若干株細
點根節蘭。

　　天然雜交種的根節蘭在台灣已有先例，
白鶴蘭與長距根節蘭的天然雜交種早已
被確認，名稱為長距白鶴蘭，也叫天鵝
根節蘭。再者，最近幾年，尚有另外三
種可能為天然雜交種的根節蘭陸續被發
現（尚未正式發表）。在此，筆者根據
形態上的特徵，作初步判斷，進一步的
確認，有待植物分類及分子生物學者的
研究。

低山捲瓣蘭 *Bulbophyllum* sp.

◆**植株大小**：4.5~6公分高

◆**莖與葉子**：迷你氣生蘭，根莖匍匐，假球莖間距0.4~0.6公分，假球莖長卵錐狀，長1.3~1.6公分，徑0.5~0.6公分，頂生1葉，葉片長橢圓形或線狀長橢圓形，長3.8~5.1公分，寬0.8~1.3公分，葉表深綠色，葉背淺綠色，厚革質。

◆**花期**：春季，目前已知在4月開花。

◆**花序及花朵**：花莖自假球莖基部側面斜向上抽出，長10~11公分，繖形花序於花莖末端著花8~9朵，花長1.9~2.3公分，花徑約0.25公分，花色橘至橘紅，上萼片、花瓣、唇瓣及側萼片基部橘紅色，側萼片基部以下三分之二的長度為橘色。

◆**分佈範圍**：台灣北部的低海拔山區有記錄，但產量稀少，已知的產地只有台北坪林，生長環境的海拔高度約200公尺。

◆**生態環境**：附生在低山闊葉林溪畔的樹木枝幹，喜歡通風好、局部蔽蔭的環境。

這種開橘紅花的繖形類豆蘭屬植物，係由蘭友張良如先生於2005年夏季在台北坪林山區採得，當地的海拔高度僅約200公尺。由於其分佈海拔如此之低，可說是台灣已知的豆蘭屬種類中分佈海拔高度最低的族群，引起筆者強烈的好奇心，於是特別商請張氏引領前往原生地一探。

這一帶為台灣北部典型的低海拔闊葉林相，觀察到的地生蘭種類有連翹根節蘭、台灣根節蘭、白鶴蘭、白花肖頭蕊蘭、綠花肖頭蕊蘭、滿綠隱柱蘭、心葉葵蘭、大

由低山捲瓣蘭的開花全株可見繖形花序的花朵重疊聚生。

花羊耳蒜等，附生蘭的種類包括有：小豆蘭、長距石斛、倒吊蘭、黃絨蘭、大腳筒蘭、黃松蘭、桶后羊耳蒜（亦稱小小羊耳蒜，尚未正式發表）、台灣風蘭、烏來風蘭等等…。

令人意外的是，過去未曾在這麼低的海拔高度記錄到如花蓮捲瓣蘭（亦稱朱紅冠毛蘭）、黃花捲瓣蘭（亦稱翠華捲瓣蘭）及鶴冠蘭之類的厚革質葉小型豆蘭。經初步由植株性狀及生態觀察經驗判斷，推測可能是花蓮捲瓣蘭，因為花蓮捲瓣蘭在恆春半島分佈的最低地點海拔高度約350公尺。

2006年4月初謎底終於揭曉，該地幾坪大小聚生的數棵闊葉樹上採集的樣本陸續開花，其中確實出現了當初判斷的花蓮捲瓣蘭，然而有幾株開的竟是橘紅花，經仔細觀察才發現，其實開橘紅花的植株與花蓮捲瓣蘭截然不同，前者的假球莖較細長，呈長卵錐狀，而後者則為卵球狀，這才猛然意識到這幾棵相鄰的樹上附生的可能是兩種近緣的野生蘭。

低山捲瓣蘭（非正式名稱）在花苞階段就跟花蓮捲瓣蘭有所區隔，它的花苞呈近全橘色，基部為橘紅色，而同一地點的花蓮捲瓣蘭的花苞基部為橘褐色，細長部份為青綠色。本種每一花莖著花約8至9朵，花形細窄，長1.9至2.3公分，徑約0.25公分，上萼片末端呈短尖頭（花蓮捲瓣蘭的上萼片較長，末端呈漸尖頭），繖形花序排列不是很整齊，而是比較像鶴冠蘭般花朵聚在一起，有少數幾朵在中間一排的

上方或下方，由花苞階段經初開至將凋謝的過程，顏色大致不變，僅色澤稍為加深。同一地點的花蓮捲瓣蘭則花長4至4.2公分，徑0.3至0.35公分，繖形花序排列整齊，花朵初開時上萼片、花瓣及側萼片基部呈朱紅色，側萼片基部以下由花苞階段的青綠色轉為黃色，即將凋謝前顏色大致維持不變（其它產地的個體基本上也是如此）。

筆者把低山捲瓣蘭與同一地點的花蓮捲瓣蘭，以及也在同一時間綻放的坪林捲瓣蘭（非正式名稱）攜往台大請教林讚標教授，林教授讚嘆這些本土捲瓣蘭的美麗之餘，覺得本地繖形花序細長花朵類族群（含鶴冠蘭及黃花捲瓣蘭）愈加複雜，種的界限趨於模糊，很難光靠形態上的觀察來界定，需要以分子（DNA）技術輔助方能盡其功，這就有待有志者來對整個近緣族群作全盤的研究檢討了。

琉球指柱蘭 *Cheirostylis liukiuensis* Masamune

◆ **英名**：Ryukyus Caterpillar Orchid

◆ **別名**：墨綠指柱蘭

◆ **植株大小**：4~6公分高

◆ **莖與葉子**：迷你型地生蘭，匍匐根莖長4~7公分，莖彎曲向上，長4~6公分，圓柱狀，肉質，著葉3至6枚，葉片卵形至寬卵形，長1.5~2.6公分，寬1~1.6公分，葉表暗綠色，葉背紫紅色，紙質。

◆ **花期**：仲夏末至冬季，以1、2月開花居多。

◆ **花序及花朵**：花莖由莖頂葉間向上抽出長4~7公分，著花5至12朵，每次綻開2、3朵，花大致朝向一方開，花朵呈管狀，唇瓣前端呈二裂，每裂前緣呈不規則齒狀，花朵白色或淺綠，有的略帶紅褐色，唇瓣前端裂片基部有一對色斑，花朵初開時色斑為綠色，即將凋謝前轉成淺紅褐色。

◆ **生態環境**：闊葉林下潮濕地生長，喜歡遮蔭或有散射光的環境。

◆ **分佈範圍**：低海拔山區零星散佈，產地包括台北卡保山、宜蘭四季、花蓮龍澗、太魯閣、苗栗南庄、台中佳保台、南投合社、屏東疇卡、台東蘭嶼等地，生長環境的海拔高度為300~1000公尺。

琉球指柱蘭屬於斑葉蘭類的迷你型地生蘭，族群數量稀少且又散生，即使僥倖碰到了，往往只是寥寥幾株，想要遇到它開花，那就完全要靠運氣了。曾於野地見過幾次，因為它的植株低矮，莖葉常離地表不過幾公分高而已，在讓人眼花撩亂的闊葉林林床間，隱蔽效果很好，不過一旦看到了，要認出它是琉球指柱蘭並不會太困難，因為它的幾片葉子生得比較密集，寬卵形的葉片表面是墨綠色，在陽光下反射著金屬光澤，翻起葉背來看，明顯帶有紫紅色，和其它本地產的指柱蘭大致可以區隔開來。

琉球指柱蘭的花序及花朵。

指柱蘭特有的毛毛蟲狀根莖，在琉球
指柱蘭的植株上一樣十分明顯，其節間
飽滿肉質多汁，呈近似圓柱狀，表面光
滑，呈紫褐色，節處則變得窄縮，整體
來看也有幾分蓮藕的排列方式。

　　琉球指柱蘭的分布範圍不廣，除了台
灣本島及外島蘭嶼找得到之外，再來就
是最早發現地的琉球了。本種的拉丁學
名就是以發現地來命名種小名，中文名
稱也是依此而來。另外，墨綠指柱蘭這
個名稱過去也常被引用，係根據葉片顏
色的特徵而來的。

這株琉球指柱蘭生長於台東崎卡熱帶
低山區海拔僅300公尺的闊葉林緣。

桃園四稜雜木林緣的琉球指柱蘭
正結著蒴果。

斑葉指柱蘭 *Cheirostylis hungyehensis* T. P. Lin

◆ **植株大小：** 2~3公分高

◆ **莖與葉子：** 迷你型地生蘭，匍匐根莖肉質，長5~10公分，毛蟲狀，莖彎曲向上，長2~3公分，生有2至4枚葉，葉片卵形、寬卵形至心形，長1~2.5公分，偶見達3.5公分，寬0.8~1.5公分，偶見達2.5公分，灰綠色至綠色，有的佈深色脈紋，紙質。

◆ **花期：** 冬末至初春，以2月中旬至4月上旬開花居多。

◆ **花序及花朵：** 花莖由莖頂葉間抽出，直立向上，長12~18公分，被灰褐色茸毛，著花2至10朵，子房長0.6~1公分，光滑無毛，灰褐色至褐色，花朵基半部至全長3／5呈筒狀，灰綠褐色至粉紅褐色，外表光滑無毛，花瓣白色或微紅，唇瓣白色。

◆ **生態環境：** 闊葉林下地生，生於遮蔭或微透光、通風良好的環境。

◆ **分佈範圍：** 低海拔至中海拔下層零星分佈，產地包括桃園嘎拉賀、花蓮綠水、太魯閣、台中佳保台、德基、南投鳳凰山、高雄六龜、萬山、台東紅葉、蘭嶼等地，生長環境的海拔高度為400~800公尺。

這種指柱蘭最早係由楊遠波教授與呂勝由先生於1975年在台東紅葉村發現，1977年由林讚標教授在其所著作的台灣蘭科植物第二冊中正式發表，並以其最早發現地紅葉為拉丁學名之種小名。

原本記錄的地點只在台灣本島的中、南部及外島蘭嶼，2006年4月初，筆者與蘭友李昭慶前往桃園復興鄉嘎拉賀賞蘭，在微風徐徐不歇的闊葉林內，因拍攝正值花開的凡尼蘭時，在鄰近坡地腐葉土間注意到筆直花莖伸得長長的斑葉指柱蘭，這裡的指柱蘭如文獻記載的一般，植株又矮又小，葉片長僅1至1.5公分而已，且幾乎貼著基植表層而生，若不是花莖長而筆直突顯出來，以及花朵顏色對比的關係，在密林間要注意到它的存在，可能並不容易。

斑葉指柱蘭的花朵外觀跟阿里山指柱蘭（亦稱全唇指柱蘭）極為相似，必須注意細部特徵差異，才能正確加以區分。斑葉指柱蘭的子房及花裂外表皆光滑無毛，而阿里山指柱蘭的子房及花裂外表皆被短毛，即子房及花裂外表有無被毛，為辨別這兩近緣種的重要參考依據。

斑葉指柱蘭的植株矮小，灰綠色或帶白色的葉面上佈深色脈紋。

阿里山指柱蘭 *Cheirostylis takeoi* (Hayata) Schltr.

◆**英名：**Alisan Caterpillar Orchid

◆**別名：**全唇指柱蘭

◆**植株大小：**3、4公分高

◆**莖與葉子：**迷你型地生蘭，匍匐根莖肉質，莖彎曲向上，長2~4公分，生有2至6枚葉，葉片卵形至寬卵形，長3~4.5公分，寬2~2.8公分，淡綠色，紙質。

◆**花期：**冬末至初春，2月下旬至3月上旬盛開。

◆**花序及花朵：**花莖由莖頂葉間抽出，直立向上，長15~20公分，著花2至13朵，花朵基半部呈筒狀，萼片離生部份呈三角形，萼片與子房上密生腺毛，唇瓣全緣，窄長橢圓形。

◆**生態環境：**闊葉林或竹林下地生，喜歡透光能及的林床或林緣坡地生長。

◆**分佈範圍：**低海拔至中海拔下層零星分佈，產地包括宜蘭大同、花蓮綠水、台中薸蒔林場、南投關刀溪、和社、高雄多納、萬山、屏東壽卡、大樹林山、台東知本等地，生長環境的海拔高度為500~1100公尺。

植株矮小的阿里山指柱蘭有著毛毛蟲般的身軀，發達的根莖係由幾段肉質圓滾的節間串連而成，矮短的莖由根莖末端彎曲向上生出，周圍著生少數幾枚卵形葉，說來構造頗為簡單。它的根莖上看不到任何的根，只在節間與基質接觸的腹面長有許多細毛，植株即藉著如吸盤般的細毛固定在基質的表面，生長方式頗為特別，這也是指柱蘭屬植物有別於其它斑葉蘭類植物的特點之一。

阿里山指柱蘭的花期在冬末初春冷暖交替的季節，雖然它的植株匍匐於地，顯得相當矮小，不過花莖挺長的，筆直的花莖可抽高至15公分，最高達20公分，因此開花時植株增高不少。花主要著生在末端，少則2朵，健壯的個體可開10來朵，花朵基半部呈筒狀，係由三枚萼片的基半部合生而成，萼片前段離生部份則為三角形，萼片與子房上密生腺毛，以及唇瓣呈全緣，是本種的辨別特徵。

頂部著生管狀小花的阿里山指柱蘭（張克森攝）

烏來柯麗白蘭 *Collabium uraiensis* Fukuyama

◆異名：*Collabium chinense*（Rolfe）T. Tang & F. T. Wang

Collabiopsis uraiensis（Fukuy.）S. S. Ying

烏來柯麗白蘭的花朵側照，顯示唇瓣基部
具有紫褐色的管狀距。

◆英名：Wulai Collabium

◆別名：柯麗白蘭、烏來假吻蘭

◆植株大小：25~35公分長

◆莖與葉子：淺根性地生或石生蘭，根
莖圓柱狀，徑0.3~0.6公分，肉質，假球
莖由根莖的節處斜向上生出，長圓錐柱
狀，基部稍寬而前部稍細，長4~7公分
，徑0.3~0.7公分，綠色或暗綠色，有的
帶紫斑，頂生1枚大葉，葉片橢圓形、卵
狀橢圓形或卵形，長10~18公分，寬
5~9.5公分淺綠色至草綠色，未成熟葉面
帶紫斑，紙質，呈褶扇狀縐褶。

◆花期：夏末至初秋，主要在8、9月間

◆花序及花朵：花莖自假球莖基部側面
抽出，長15~20公分，近直立，鬆散的
總狀花序著花3至6朵，花朵半張至近全
開，花徑約2.5公分，花裂淺綠至草綠色
，唇瓣白色或黃白色，唇喉及側裂佈紅
色或紫色斑紋。

◆生態環境：生長在原始闊葉林的林下
地面、坡地或石頭上，喜半透光、潮濕
、通風的環境。

◆分佈範圍：台灣東北部零星散佈，已
知產地為台北烏來、坪林、三峽等，生
長海拔高度為500~600公尺。

烏來柯麗白蘭的花裂呈蘋果
綠色，唇瓣為象牙白色，唇
喉及側裂帶紫色斑紋。

2004年春天，張姓蘭友攜來一板用蛇木板栽培的柯麗白蘭與筆者分享，這種柯麗白蘭翠綠的橢圓大葉上佈滿漂亮的紫斑，連肉質的假球莖都沾染著美麗的紫色斑紋，欣賞之餘覺得它與台灣柯麗白蘭很不一樣，雖說摺扇式縐褶的紙質葉長得很像台灣柯麗白蘭，但比我看過的台灣柯麗白蘭葉子都來得大，而且飽滿肉質的根莖與假球莖就不像了，倒是比較像心葉葵蘭，整體的植株外觀宛如是台灣柯麗白蘭與心葉葵蘭的中間型，因此讓我對這種柯麗白蘭的身世產生極大的探討興趣。

6月上旬，在原發現者的引領下，實地探訪這種柯麗白蘭的原生地——台北坪林一條饒富原始自然風情的溪流，經一個多小時溯溪涉水漫行，美麗的柯麗白蘭終於映入眼簾，在離溪畔不遠一處小瀑布附近，散佈在面積不到一坪的狹窄範圍裡，總數約有幾十株，多數匍匐淺貼於覆蓋蕨類、蔓性草本的潮濕土面，少數攀附在陡直土石坡與覆滿苔蘚的石頭上面，生長方式與台灣柯麗白蘭類似，生長環境還同時混生著心葉葵蘭、滿綠隱柱蘭等地生蘭。

只是這種柯麗白蘭的根莖與假球莖肉質粗滑，假球莖間隔短，生長比較密集，整株植物體長度通常不超過30公分；而台灣柯麗白蘭的根莖與假球莖比較皺縮細長，假球莖間隔大，莖葉生長顯得稀疏，整株植物體長度最長的可延伸達100公分。兩種柯麗白蘭在植株外觀上有明顯可辨的差異特徵，可是根據現有文獻記載（中華林業季刊 22(2): 23-26 & plate3,

plate4），其中描述的烏來柯麗白蘭與台灣柯麗白蘭，兩種植株的性狀差異不大，因此不敢冒然斷定坪林發現的柯麗白蘭就是烏來柯麗白蘭。

7月底，細心栽培的植株經一個多月抽梗及花苞成長期，第一朵花終於順利綻放，草綠色的花裂搭配白色帶紫斑的唇瓣，才能確認它就是烏來柯麗白蘭。由花朵正面來看，它的蕊柱歪向唇瓣的右半邊，又花朵後方生有一筆直向後的粗尾狀頦，頦的顏色有全綠的，也有綠底帶紫褐色的，這些特徵都是有用的辨認參考。開花方式為續花性，花莖基部的花朵先開，通常每次綻開一朵，花朵壽命5至8天，當一朵花即將凋謝時，另一朵才接續開啟，全部花期可以持續一個多月。

烏來柯麗白蘭的新芽呈美麗的紫色，初生的葉片也會佈滿美麗的紫色塊斑，待葉片成熟後，紫斑便會褪去。圖中的部份成熟葉子紫斑已不見了，只見葉面佈滿暗綠色斑點。

香莎草蘭 *Cymbidium cochleare* Lindl.

◆**異名：**

Cyperorchis babae Kudo & Masam

◆**英名：**Fragrant Cyperorchis

◆**別名：**香莎草

◆**植株大小：**60~80公分高

◆**莖與葉子：**大型的氣生蘭，成簇叢生，假球莖不明顯，包裹在葉鞘裡，所以通常隱而不見，生有9至18片葉子，葉片長線形，長80~120公分，寬1~1.2公分，深綠色或墨綠色，革質，具光澤，葉緣微向外翻。

◆**花期：**冬季

◆**花序及花朵：**花莖自假球莖基部側面葉間抽出，柔軟具韌性，彎曲下垂，長40~60公分，總狀花序著花8~20朵，花朵下垂且半張，呈半張之鐘形，花長4~5公分，花徑2.5~3公分，深茶褐色至咖啡色，有的帶清香或濃香。

◆**生態環境：**附生在原始闊葉林樹木的主幹、分叉處或傾斜粗枝，多半生長在山林溪邊空氣濕度高、通風良好且有遮蔭的大樹上。

◆**分佈範圍：**台灣低海拔上層及中海拔下層零星散佈，產地包括台北三峽、桃園復興下巴陵及小烏來、南投日月潭、高雄扇平等地，生長環境的海拔高度為300~1200公尺，不過以海拔600~900公尺較有可能遇到。.

花裂黃綠色底佈紫褐色暈而唇瓣上佈紅斑，是為香莎草蘭的典型花色，此株產於桃園小烏來海拔600公尺的闊葉林溪畔，花朵特大，花長為4.2公分。

花朵缺乏紅色素的香莎草蘭，初開時呈青綠色，而後轉黃，即將凋謝時呈鮮黃色，難得一見。

香莎草蘭是大型的附生蘭，但在野外相遇的機會卻不太多，一方面是香莎草蘭的族群量少，分佈零星，另一方面，它的植物體形態為蕙蘭(國蘭)類的模樣，生長方式與自然姿態跟同為附生性的鳳蘭與金稜邊蘭，外觀十分相似，且產區相互重疊，即便在林間真的看到了，如果距離遠，無法趨近觀察，或者沒有特別留意，多半都當作是看到鳳蘭而忽略了。如果考量這個因素，香莎草蘭的數量或許也被低估了。

不過如果細心觀察，仍然可由形態與色澤找到線索。香莎草蘭的植株成簇聚生，葉子十分細長，長度80至100公分算是常態，最大的葉片可以長到120公分。鳳蘭的葉子長度在50至80公分之間，而金稜邊蘭的葉子長度介於30至50公分，顯然香莎草蘭的植株大了些。除了大小有別以外，葉子的顏色也可作參考，香莎草蘭的葉片為墨綠色，色澤偏暗，鳳蘭的葉片多呈黃綠色，而金稜邊蘭的葉表暗綠色，葉背為灰綠色。

過去長期以來，香莎草蘭在分類上並不是放在蕙蘭屬裡頭，而是屬於莎草蘭屬（*Cyperorchis*）的一員，原因是花朵半張，似鐘形，唇瓣形狀跟蕙蘭有些差別。不過，2000年新版『台灣植物誌』又把香莎草蘭併入蕙蘭屬內，所以，現在台灣產的蕙蘭由9種增為10種，外加4變種，其中的附生性種類則由2種變成3種。

栽植在蛇木板的香莎草蘭
（張良如先生栽培）。

寒　蘭

Cymbidium karan Makino

◆**英名：**Cold Orchid

◆**植株大小：**40~100公分長

◆**莖與葉子：**中至大型地生蘭，叢生，假球莖棒狀至圓柱狀，長4~7公分，徑1~1.8公分，生有4至5枚葉子，葉片線形，長40~100公分，寬1~1.8公分，末段姿態彎曲，暗綠色，革質。

◆**花期：**秋末至冬季

◆**花序及花朵：**花莖自假球莖基部側面葉間抽出，直立，長30~60公分，鬆散排列5至12朵花，花徑6~8公分，花朵鮮綠、綠底密佈褐色平行脈紋，或是暗紫色，微帶香味 。

◆**生態環境：**低山稜線兩側往下50公尺左右闊葉林裡潮濕、蔽蔭、通風的林床及坡地。

◆**分佈範圍：**分佈在全台灣的低、中海拔山區，產地包括台北烏來、桃園復興、宜蘭太平山、南投合社、瑞岩溪、屏東山地門等，生長海拔高度600~1500公尺。

寒蘭連同蕙蘭屬中的四季蘭（建蘭）、素心蘭、報歲蘭、春蘭等，長久以來一直是台灣民眾普遍賞玩栽植的蘭藝花卉，由於趣味栽培及專業繁殖者眾，數量頗為龐大，在花市及各種相關場所常有遇到的機會，一般植株單價平民化，可說是石斛、蝴蝶蘭之外的另一項重要生活花卉。

過去這些蕙蘭屬植物在台灣山林廣泛分佈，族群數量頗多，可是現今在山裡已不容易見到了，尤其是寒蘭，族群數目似乎趨於稀有，走遍各地山林，所見的寥寥可數。寒蘭因為在秋末至冬季天冷的季節開花，所以才有這樣的稱謂。植株大小差異頗大，長在稜線附近或中海拔冷涼通風地的植物體通常比較矮小，而生長在闊葉林下、溪谷兩旁陰濕地，或者較低海拔溫暖環境的，則往往植株大得多，最大型的葉長可達70至100公分。

寒蘭的花色有綠花型與紫花型兩類，綠花型的花朵有純綠花，也有綠底帶紅褐斑紋，紫花型的花朵主色為紫褐色，在野外較少，不過人工繁殖數量頗多。每年入冬開始，至春節前後，是寒蘭大量出現在花卉市場的時候，綠花型與紫花型比鄰擺設，任君挑選，也有花商把花莖剪下，當切花販售，因其花朵帶宜人香氣，為春節的重要應景花卉。

綠花竹柏蘭

Cymbidium lancifolium Hook. var. *aspidistrifolium* (Fukuy.) S.S.Ying

（王煉富攝）

◆**英名：**Green Bamboo-leaf Orchid 或 Green-flowered Podocarp Orchid

◆**別名：**兔耳蘭

◆**植株大小：**30~50公分高

◆**莖與葉子：**根莖上頭密集上升排列數個假球莖，假球莖棍棒狀，長7~15公分，徑0.8~1.2公分，著葉3至4枚，葉片倒披針形或長橢圓形，長15~20公分，寬3~5公分，葉柄長8~17公分，草綠色或暗綠色，光滑，軟革質。

◆**花期：**秋季至冬初

◆**花序及花朵：**花莖自假球莖中段側面抽出，長8~25公分，直立，著花4至15朵，呈總狀排列，花徑4~5公分，灰綠色，唇瓣白色，上佈紫紅大塊斑，有的花瓣帶白色且有一條紫紅中脈。

◆**生態環境：**原始闊葉林、雜木林地生，通常生於陰濕的環境。

◆**分佈範圍：**全台灣的低、中海拔山區零星分佈，產地包括台北粗坑山、烏來、小阿玉山、拔刀爾山、三峽熊空山、桃園插天山、尖山、宜蘭神秘湖、南投合社、沙里仙等，生長環境的海拔高度為400~1500公尺。

綠花竹柏蘭因為花朵為灰綠色或暗綠色才有這樣的稱謂，是竹柏蘭裡的綠花變種。除了花色之外，花瓣稍為寬短，植株比較高些，假球莖密集漸升排列在根莖上頭，以及葉片全緣等性狀，都是可以作為辨別的特徵。另外，綠花竹柏蘭的花期在10至12月之間，開花時間比較晚，通常在正種的竹柏蘭花期結束之後，方才輪到它接棒綻放。

綠花竹柏蘭由北到南都有發現的紀錄，可是在全台灣係呈點狀分佈，發現的頻率不高，族群數量有限。就長期觀察判斷，中部山區闊葉林裡腐植質豐富的蔭濕林床，似乎是較有機會遇到的環境。

花開正盛的綠花竹柏蘭，可見側萼片略微扭捲且邊緣向後翻，使得側萼片視覺上顯得較為瘦些。

竹柏蘭 *Cymbidium lancifolium* Hook. var. *lancifolium*

◆ **英名**：White Bamboo-leaf Orchid

◆ **別名**：竹葉蘭

◆ **植株大小**：15~30公分高

◆ **莖與葉子**：根莖短，上頭密集排列數個假球莖，假球莖棍棒狀，長7~10公分，徑0.7~1.0公分，著葉3至4枚，葉片倒披針形或長橢圓形，前端葉緣具細鋸齒，長10~18公分，寬3~5公分，葉柄長3~10公分，綠色或暗綠色，光滑，軟革質。

◆ **花期**：春末至夏季，以7、8月最為盛開。

◆ **花序及花朵**：花莖自假球莖中段側面抽出，長5~20公分，直立，著花4至10朵，呈總狀排列，花徑4~5公分，白底或黃白底，有的泛淺綠，花瓣有一條紫紅中脈，唇瓣側裂具橫向紅色線條及紅斑，中裂帶不規則紅塊斑。

◆ **生態環境**：原始闊葉林、雜木林或針葉林腐植質豐富的林床或坡地，通常生於陰濕的環境。

◆ **分佈範圍**：全台灣的低、中海拔地區均有，分佈尚稱普遍，產地包括台北陽明山竹子湖、菜公坑山、烏來、拔刀爾山、坪林碧湖、桃園復興上宇內、達觀山、小烏來、苗栗加里山、花蓮龍澗、龍溪、盤石、南投溪頭、眉原、霧社、瑞岩溪、台東都蘭山、新港山等，生長環境的海拔高度為250~1500公尺。

盛開中的竹柏蘭。

在台灣鄉間，竹柏蘭常被稱為竹葉蘭，因為這種蘭的葉子跟竹葉很相似。就分類歸屬來講，竹柏蘭實際上是屬於蕙蘭（國蘭）家族的一員，可是因為葉片長成相對寬短的倒披針形，或是長橢圓形，不像具有線形葉的四季蘭、報歲蘭、寒蘭等傳統認知的國蘭，國蘭界並未特別重視，只有線藝的個體較受青睞。由於生存適應性強，栽培容易，花朵淡雅，麗質天生，在蘭界多半是由本土野生蘭趣味者來眷顧。

竹柏蘭這個種，植株與花朵都有不少變化，為了反映種內差異的重要性，植物學者把國內產的本種植物劃分成三個變種，也就是竹柏蘭、綠花竹柏蘭與大竹柏蘭。這裡所介紹的是第一個變種，為這個種的典型代表個體，而且也是最常見的，有人稱典型的變種為正種，所以才會出現竹柏蘭這個名稱既是種名，也是變種名的情形。它的葉片前端邊緣具有細鋸齒狀裂，為其它兩個變種所沒有的，是其主要的辨別特徵。

竹柏蘭的花期依產地不同及海拔高度的差異，有的早些在春天開花，有的則到夏季方才綻放，不過多數是在7、8月盛開。它的花朵有4、5公分寬，每一花莖綻放4至10朵，開花株頗有觀賞價值。花多為白色，花瓣中脈有一條紫紅線條，唇瓣上帶紅色斑紋，少數個體花為黃白色，也有花裂末端泛淺綠的。

台北縣尖山湖溪邊潮濕闊葉林坡地上自生的竹柏蘭。

璧綠竹柏蘭 *Cymbidium lancifolium* Hook. f. var. sp.

◆**異名：** *Cymbidium lancifolium* Hook. f. var. *aspidistrifolium*(Fukuy.)S. S. Ying

    Cymbidium bambusifolium Fowlie, Mark & Ho

◆**植株大小：** 8~26公分高

◆**莖與葉子：** 根莖上頭密集上升排列數個假球莖，假球莖長棍棒狀，長2~10公分，徑05~0.75公分，著葉2至4枚，葉子長15~27公分，葉片卵狀長橢圓形，長6~20公分，寬1.5~5公分，葉柄長4~7公分，暗綠色，軟革質。

◆**花期：** 秋季，以9、10月開花為主。

◆**花序及花朵：** 花莖自假球莖中下段側面向上抽出，長5~12公分，直立，著花1至6朵（通常3至4朵），呈總狀排列，花徑約2~5公分，玉綠色，花瓣中脈有一條明顯的紫紅線條，唇瓣密生紫紅塊斑及條斑。

◆**生態環境：** 原始闊葉林、雜木林地生，生長於陰濕的環境。

◆**分佈範圍：** 台灣北部的低海拔山區零星分佈，已知產地台北烏來、三峽、宜蘭、台中等，生長環境的海拔高度約500公尺。

璧綠竹柏蘭的開花數較少，每花序通常著花2至4朵，也有開單花的情形出現。

首次注意到這種花朵形狀比較工整的竹柏蘭，是在2004年9月於蘭友張良如先生的山邊露天花園裡，張先生是在台北三峽遇到這株蘭花，原本以為是普通的綠花竹柏蘭，等花開出來，覺得跟先前看過的綠花竹柏蘭不大一樣，筆者看了以後也覺得這株的花色與姿態的確有別於一般的綠花竹柏蘭。

經過一年的栽培，2005年9月下旬又開花了，花莖不長，花開在葉下，每花莖的著花數不多，不是3朵就是4朵，萼片較寬短，末端稍圓（一般的綠花竹柏蘭萼片較瘦長，邊緣向後翻捲，末端尖頭），花瓣也明顯較一般的綠花竹柏蘭為寬，寬0.95公分，使得整朵花的姿態趨於方正，花徑略大或等於花長（一般的綠花竹柏蘭花朵偏長形，花徑略小或等於花長），乍看起來，有點四季蘭的味道。

這種竹柏蘭的花色為均勻的玉綠底色，唇瓣上有密集的紫紅塊斑及條斑，蕊柱淡綠色，花帶西瓜味；而一般的綠花竹柏蘭的花帶白綠或綠色，通常唇瓣白色，上佈紫紅大塊斑，但比較稀疏，且有的花瓣偏白色，蕊柱黃白或近白色，花朵沒有味道。究竟這種竹柏蘭是落在綠花竹柏蘭的變化範圍內，還是稀有的小型個體（過去發表為*Cymbidium bambusifolium*），或者有可能在分類上達到變種的地位，這就有待專家學者的驗證了。

全花幾呈均勻灰綠色的壁綠竹柏蘭帶有西瓜味，唇瓣密佈紫紅斑，花瓣較為寬大。

壁綠竹柏蘭的花期通常在秋季，此株開花較遲，二月底才開花。

大竹柏蘭

Cymbidium lancifolium Hook.f. var. *syunitianum* (Fukuy.) S.S.Ying

◆ **英名**：Large Bamboo-leaf Orchid

◆ **植株大小**：35~66公分高

◆ **莖與葉子**：根莖短，上頭密集上升排列數個假球莖，假球莖長圓柱狀，長8~20公分，徑1~1.5公分，頂部著葉4至7枚，葉片倒披針形或長橢圓形，長20~30公分，寬4~5公分，葉柄長5~12公分，葉表暗綠色，葉背淺綠色，光滑，軟革質。

◆ **花期**：冬季至初春

◆ **花序及花朵**：花莖自假球莖中、下段側面斜向上抽出，長8~20公分，總狀排列著花6至10朵，花徑5~6公分，綠色至褐綠色，花瓣通常有一條紫紅中脈，唇瓣側裂具橫向紅色線條及紅斑，中裂卵狀三角形，帶紅塊斑，前端尾狀。

◆ **生態環境**：原始闊葉林地生，通常生於陰濕的環境。

◆ **分佈範圍**：台灣北部及東部的低、中海拔山區零星分佈，產地包括台北三峽、花蓮太魯閣大山、龍溪、台中等，生長環境的海拔高度500~1200公尺。

大竹柏蘭的花朵近照，唇瓣前端呈尾狀尖是它的特徵之一。

大竹柏蘭的植物體可以長到相當大，圖中的大竹柏蘭產於花蓮龍溪海拔約900公尺的闊葉林裡，株身高達65公分。

難得一見的大竹柏蘭，是竹柏蘭裡的大型變種，株身通常比竹柏蘭及綠花竹柏蘭大一些，而最大的約有66公分高。大竹柏蘭的植株像大號的竹柏蘭，花朵淺綠色的，則有如大花的綠花竹柏蘭，要分別這三者，非得由細部的特徵入手。

竹柏蘭的植株較矮，株高多在20~30公分之間，棍棒狀的假球莖密集排列，假球莖頂著葉子3、4片，葉片前端邊緣具細鋸齒，趨近細看，或用手指觸摸便可察覺，要分辨比較容易，花期在4月至9月之間，花徑4~5公分，花為白色或黃白色，唇瓣卵形，前段反捲。

綠花竹柏蘭的株高大概在35~45公分之間，通常比竹柏蘭大一些，假球莖密接，明顯呈漸升排列，有如階梯排列一般，葉片邊緣光滑，花期在10月至12月之間，

花徑3.5~4公分，花為暗綠或灰綠色，萼片稍寬短且質地較厚是一特徵，唇瓣卵形，前段反捲。

大竹柏蘭最早是在1935年由日籍學者福山氏在花蓮太魯閣大山採得，原本以為是大型的綠花竹柏蘭，1977年方由應紹舜教授發表為一變種。由於已知的樣本有限，人們對它的認識還在初步階段。大竹柏蘭株高約在40~66公分之間，長圓柱狀的假球莖密集生長，排列方式較為近似竹柏蘭，假球莖頂著葉子4至7片，葉質較為光滑柔軟，葉片邊緣光滑，花期在12月中旬至翌年3月之間，是三者中最晚開花的，花朵較大，花徑有5~6公分，花為淺綠或青綠色，萼片較長，上萼片長度可達4.5公分，唇瓣卵狀披針形，前端捲縮成尖尾狀，這些都是可以參考的辨認特徵。

報歲蘭 *Cymbidium sinense* (Jackson ex Andr.) Willd.

◆**英名**：New Year's Orchid

◆**別名**：拜歲蘭、獻歲蘭

◆**莖與葉子**：大型的地生蘭，成簇叢生，假球莖圓柱狀，長2~5公分，徑1~2公分，生有3、4片葉子，葉片寬線形，長40~90公分，寬2~3.5公分，具光澤，深綠色，革質，葉緣具細齒。

◆**植株大小**：40~60公分高

◆**花期**：冬末至初春

◆**花序及花朵**：花莖自假球莖基部側面葉間抽出，近直立，長60~90公分，花軸綠色帶紫暈或全支紫褐色，著花5至15朵，花徑4~6公分，花朵青綠色，有的花裂帶暗褐、暗紫褐暈、條紋或斑點，唇瓣佈紅色或紅褐塊斑，也有開白花的，有的帶香氣。

◆**生態環境**：山區闊葉林、竹林內地生，通常生於乾燥陰暗的東向或東南向山坡或峭壁。

◆**分佈範圍**：全台灣的低海拔及中海拔山區林相下層，過去產量多，惟因山坡地的開墾、伐木及大量採栽，目前野生植群少見，人工栽培則十分普遍，生長環境的海拔高度約為300~1200公尺。

國內栽培四季蘭、春蘭、寒蘭等蕙蘭屬植物的風氣極盛，很多人都有接觸的經驗，而報歲蘭是與四季蘭同級，為這群蘭蕙中最為流行且廣為栽培的一種。過去在野外，報歲蘭的族群數量堪稱豐富，在低海拔遮蔭地環境適宜的闊葉林、雜木林內，有時可見成百上千的報歲蘭鋪陳於一地。人們由大量的山採株中篩選出植株或花朵產生變異的個體，日積月累形成報歲蘭線藝奇花之複雜品系，不過它的花姿花色與其它國產蕙蘭比較，並非特別出眾，而且又不帶香味，因此品賞的重心主要放在葉藝的部份，過去有些特殊個體如達摩、水晶等動輒天價。

時至今日，在山裡遇到報歲蘭的機會已經很少見了，偶爾一瞥，多半是小苗或單生株，少見到大叢的機會，野外族群雖然還不到瀕危地步，但過去族群繁盛的榮景早已遠去。加以報歲蘭自生環境多在海拔1000公尺以下，以海拔300至500公尺的坡地為其最愛。由於低海拔天然林在過去數十年遭到嚴重的伐木與開墾，所剩的自然棲地已萎縮到有限的地步，野生報歲蘭的命運大概也只能自求多福了。

報歲蘭的名稱在台灣有許多說法，如拜歲蘭、獻歲蘭、報喜蘭、歲蘭等。「拜歲蘭」這個名稱源於1575年興化府志、1628年漳州府志，以及1717年諸羅縣志等古籍文獻，因為名稱出現的時間最早，所以在林讚標教授的大作『台灣蘭科植物』一書中便是採用此名稱（林教授書中對這種蕙蘭的名稱有詳盡的考證）。本文採用報歲蘭這個名稱，主要是因為業界及市場上多以此稱呼，為了溝通方便的考量而作此選擇，當然您說拜歲蘭或獻歲蘭，大家也知道所指何物。

開暗色花的報歲蘭，花朵於2月底開出。

燕子石斛 *Dendrobium equitans* Kranzl.

◆ **異名：**

Dendrobium batanense Ames & Quisumbing

◆ **英名：** Swallow Dendrobium

◆ **植株大小：** 25~40公分高

◆ **莖與葉子：** 中型氣生蘭，成簇叢生，莖側扁之棍棒狀，綠色至黃色，帶光澤，為綠色葉鞘所包覆，節間2~4公分長，徑約0.4公分，基段1至2節間膨脹增厚形成假球莖；假球莖近紡錘狀，長2~4公分，徑約0.7公分，具縱向溝槽；葉子二列互生，葉片扁壓之線狀披針形，姿態筆直或微曲，長4~7公分，寬0.4~0.5公分，肉質，綠色。

◆ **花期：** 夏季至初秋間歇開花多次

◆ **花序及花朵：** 花莖自莖頂無葉的節上抽出，每次開花一朵，花長2~2.5公分，花朵半張，白色，唇瓣具黃毛狀龍骨。

◆ **生態環境：** 熱帶叢林樹木枝幹氣生，喜歡半透光或全日照、通風的環境。

◆ **分佈範圍：** 分佈於台灣的外島蘭嶼，產地包括蘭嶼天池，生長環境的海拔高度為100~400公尺。

蘭嶼島上的植物相裡，有許多跟鄰近的菲律賓島嶼擁有密切的地緣分佈關係，燕子石斛便是其中的一例，除了蘭嶼之外，也產在菲律賓的巴丹島，在該國早期的蘭科文獻中，係被命名為 *Dendrobium batanense*，後來發現這個名稱所代表的物種，與 *Dendrobium equitans* 同屬一種，於是被歸併為同種異名。

筆者曾在蘭嶼天池目睹燕子石斛伴隨著紅花石斛、黃穗蘭、烏來隔距蘭（綠花隔距蘭）等，附生在相鄰的幾棵樹木上，接受全日照夏季烈陽的照射，也許由於生長多年的關係，都長成莖葉扶疏的大叢蘭株，十分適應熱帶叢林濕熱高溫的環境。

燕子石斛在夏天開花，季節來臨時，花先後由莖頂部的節上開出，每一花莖一次開花一朵，雖然開花狀況不是很熱鬧，不過花期可以持續達二、三個月之久。花朵雖然是白色的，仔細品賞，倒也覺得淡雅別緻。

開花中的燕子石斛。

雙花石斛 *Dendrobium furcatopedicellatum* Hayata

◆ **英名**：Twin-flowered Dendrobium

◆ **別名**：大雙花石斛

◆ **植株大小**：60~170公分長

◆ **莖與葉子**：大型氣生蘭，成簇叢生，莖細長圓柱狀，末段微幅下彎，長60~170公分，徑0.2~0.3公分，葉子二列互生，葉片線形，長10~12公分，寬0.4~0.5公分，綠色，紙質。

◆ **花期**：春季至秋季間歇開花多次，春季開花較盛。

◆ **花序及花朵**：花莖自莖半段有葉的節抽出，花莖短，長1~1.4公分，花成雙，轉位約90度對生，花徑4.5~7公分，花色白底或白黃底色佈紅褐細斑或紫紅細斑。

◆ **分佈範圍**：台灣特有種，台灣本島的東北部及東部零星分佈，產地包括台北烏來、福山、坪林、宜蘭棲蘭、花蓮壽豐、光復等，生長環境的海拔高度為400~1000公尺。

◆ **生態環境**：原始闊葉林大樹主幹高處或樹梢粗枝氣生，少數著生於岩壁或大石頭上，喜歡半透光或全日照、通風的環境。

又細又長的莖幹，長著兩排禾草葉，看起來宛如一叢雜草，這是雙花石斛給人的初識印象。它分佈相當零散，多半生長在高高的樹梢上，禾草般的外型，夾雜在蕨類、山蘇與附生植物豐富的老樹上，要在山林裡一眼就認出它來，並不是那麼容易，多年來，野外正式紀錄的次數極少，學界及研究單位的研究報告將它的族群狀態描述為瀕臨滅絕，人們因而認為它可能幾近消失了。就跟小雙花石斛一樣，根據野外實際觀察與查訪知情的野生蘭前輩，發現雙花石斛並不像想像中稀少，它的族群分佈生長在台灣東半部低海拔僅存的少數原始天然林區，北部由台北東部山區，經宜蘭、花蓮、台東的主要產地，至南端恆春半島的東部，依舊存在零星散佈的群落。

雙花石斛又名大雙花石斛，與兄弟種小雙花石斛最大差別是花的大小以及是否有斑點，雙花石斛的花明顯大些，花徑有4.5到7公分，花朵上，尤其在花裂末端，帶有紅褐或紫紅細斑，小雙花石斛的花徑介於2.5與3公分之間，全花白黃或淡黃綠色，唇瓣帶橘色。問題是，在沒有開花的情況下，兩種的外貌極像，要區分它們實在很難，僅能由莖基部(特別是新芽基部)的顏色作粗略判斷，通常雙花石斛的莖基部呈泛紫紅色，而小雙花石斛的莖基部多半是青綠色。

呂宋石斛 *Dendrobium luzonense* Ames

◆ **植株大小**：50~70公分長，偶見達100公分長。

◆ **花期**：春季至夏季間歇開花多次。

◆ **花序及花朵**：花莖自莖前半段有葉的節抽出，花莖短，長1~2公分，花成雙，偶見單生，轉位約90度對生，花徑約2公分，花乳黃色，唇瓣帶綠色及褐色斑紋，蠟質。

◆ **生態環境**：附生在闊葉林大樹的主幹高處或樹梢粗枝，喜歡半透光或全日照、通風的環境。

◆ **分佈範圍**：台灣東南部新發現的種類，已知產地為台東達仁鄉，生長環境的海拔高度約400公尺。

菲律賓產的呂宋石斛曾經進口到台灣來，所開的花朵與本地發現的個體相差細微，唇瓣側裂稍長，明顯突出於中裂之外，由此稍微可以區別（林緯原攝）。

呂宋石斛原為菲律賓的特有蘭科植物，2004年陳健仲先生在恆春半島發現，成為台灣產的第13種石斛。蠟質的花朵以乳黃色為主，唇瓣帶咖啡色及青綠色，本地產的唇瓣側裂短而不明顯（陳健仲攝）。

呂宋石斛的植物體跟雙花石斛及小雙花石斛都是一個模樣，加以附生在大樹上，無法近距離觀察，這或許就是如此大型的石斛過去未被發現的原因（陳健仲攝）。

關於這一雙花型（雙花節）石斛在台灣的新成員，係由陳健仲先生於2004年在台灣東南部台東達仁鄉所發現，因植株形態的關係，原本以為是雙花石斛（又稱大雙花石斛），直到採回的樣本在2005年春天開花，才知道是台灣未曾記錄過的品種。承蒙陳先生慷慨授權筆者使用他本人在原生地拍攝的植株生態照，以及栽培時開出的花朵照片，這種台灣的新記錄種石斛得以有機會與大家分享。

呂宋石斛原為鄰國菲律賓特有種，北部呂宋島至南部岷答那峨島都有產，菲國的植株曾進口到台灣來，筆者也曾經手並栽培過。本種的發現，進一步加深了台灣東南部及南端恆春半島跟菲律賓的植物地理依存關係。

這種大型石斛之所以隱匿到現今才被發現，多半係因為它的植株形態十分類似雙花石斛，若不開花根本難以辨別；另一方面，它跟雙花石斛、小雙花石斛也很類似，喜歡選擇闊葉大樹的樹冠高處而棲，在山區密林中，以人們的視力範圍原本就很難找尋，因此雙花石斛及小雙花石斛還一度被認為瀕臨滅絕呢！近年來實地在野地尋找，由於探知它們的生態習性，方才發覺它們並不如原本以為的那麼稀少。

小雙花石斛 *Dendrobium somai Hayata*

◆ **英名**：Little Twin-flowered Dendrobium

◆ **植株大小**：60~140公分長

◆ **莖與葉子**：大型氣生蘭，成簇叢生，莖細長圓柱狀，末段微幅下彎，長60~140公分，徑0.2~0.25公分，青綠至黃綠色，葉子二列互生，葉片線形，長7~11公分，寬0.5~0.6公分，深綠色，紙質。

◆ **花期**：春季至秋季間歇開花多次，以3月底至4月間開花較盛。

◆ **花序及花朵**：莖自莖前半段有葉的節抽出，花莖短，長0.4~1公分，花成雙，不轉位，花徑2.5~3公分，花色白黃或淡黃綠色。

生態環境：原始闊葉林大樹的主幹高處或樹梢粗枝，氣生性，少數著生岩壁上，喜歡半透光、通風的環境。

◆ **分佈範圍**：台灣特有種，台灣東部及南端的低海拔山區零星分佈，產地包括宜蘭圓山、花蓮光復、林田山、台東新港山、屏東鹿寮溪、牡丹、高士佛山等，生長環境的海拔高度300~800公尺。

寶島特有的大型蘭科植物，形態瘦細狹長，莖的長度輕易可達100公分，最長的則有140公分之長。小雙花石斛性好成簇聚生，少則數十支莖一叢，大叢的則由幾百支莖聚生而成，植株龐然壯觀。

然而，野外看過小雙花石斛的人少之又少，也普遍認為這種石斛已瀕臨絕跡。可是，經由實地觀察以及蘭界多方意見交流，實則這種石斛的族群數目，並不如想像的那麼悲觀。之所以少見，一方面是它藏身於東部至東南部偏遠山林，族群成點狀分佈，東部山區人口稀疏，地形崎嶇阻絕，還有很多地帶尚未作過深入的學術調察，另一方面，這種植物經常附生在原始闊葉大樹的上層主幹及高枝，遠望看起來有如一叢雜草，即使經過它的棲地，也不見得會注意到。

小雙花石斛屬於大型植物，名稱中的「小」顯然不是就植株而言，而是指花的相對大小而來的。小雙花石斛在此地有一兄弟種，名稱相近，就叫雙花石斛（蘭界多數人稱之為大雙花石斛），兩種植株形態相近，差別在於花的大小，小雙花石斛的花大抵是白黃色的，花徑在2.2至3公分，而雙花石斛的花為白底佈紫紅斑或紅褐斑，花徑有4至7公分，花朵明顯大些。

小雙花石斛的每一花莖上通常著生花雙朵，花色乳白，唇瓣偏黃，花徑在2.5至3公分之間，相對於雙花石斛的花偏小，因而得名，其實兩者都是大型石斛，植株大小不相上下。

雙袋蘭 *Disperis siamensis* Rolfe ex Downie

◆ **異名**：*Disperis orientalis* Fukuy.

◆ **別名**：蘭嶼草蘭

◆ **植株大小**：5~17公分高

◆ **莖與葉子**：小型地生蘭，塊莖狀根近直立，卵狀或橢圓狀，長0.5~2公分，，莖直立，肉質圓柱狀，綠紫至暗紫色，間隔寬鬆的生有2、3枚葉，葉片長心臟形，長0.8~1.7公分，寬0.5~1.3公分，葉表淡綠至墨綠色，葉背綠色至帶紫色，肉紙質。

◆ **花期**：夏季，7月中旬至8月盛開。

◆ **花序及花朵**：花莖自莖頂葉間向上抽出，長5~15公分，直立，有的微彎曲，下頂生1至3朵小花，子房長0.7~1.2公分，花長約0.9公分，花徑約0.6公分，白色至粉紅色，有的帶點紫色或黃色。

◆ **分佈範圍**：台灣南端及外島蘭嶼零星分佈，產量稀少，產地包括屏東旭海、老佛山、台東蘭嶼等，生長環境的海拔高度約為250~500公尺。

◆ **生態環境**：低山原始林、雜木林地生，通常生於半透光的環境。

雙袋蘭為花朵構造奇特又美麗的小型地生蘭，植株纖細高瘦，2、3枚心形小葉稀疏地長在莖上。最初是在林讚標教授著作的『台灣蘭科植物』第2冊中知道這個物種的存在，林教授在書中提及這種植物最早係由日籍學者福山伯明於1935年在蘭嶼發現，記載它是屬於鳶鳶蘭屬（genus *Disperis*）之蘭嶼草蘭（*Disperis orientalis*

）。不過，在2000年由國科會出版的台灣植物誌第二版第五卷中則稱它為雙袋蘭屬之雙袋蘭，學名訂正為 *Disperis orientalis*。由於它的族群稀少，植物體細小不易觀察，爾後近40年未再發現。直至1975年8月，林業試驗所的呂勝由先生才再度在恆春半島老佛山採得。

筆者首次見到實體係於2004年在林業試驗所，由助理研究員鐘詩文的助理採自蘭嶼，花朵雖然還不足1公分（約0.9公分），花徑也不過0.6公分左右，且為續花性，每次開花一朵，但一點也掩蓋不住它那色澤優雅、構造精巧的美感。

2005年8月初，高雄紅龍果蘭園主人鄧雅文女士寄給筆者一些脈葉蘭，其中夾雜著兩株正值花期的雙袋蘭，筆者方才有機會仔細端詳這種迷你小蘭草。根據鄧女士描述，那一次發現的雙袋蘭係與紫花脈葉蘭同棲於恆春半島一處闊葉林內，在林床遮蔭處散生，每朵花壽命約一週，在該野生環境裡，花期約持續一個月。

高士佛上鬚蘭 *Epipogium roseum (D. Don) Lindl.*

◆ **別名**：泛亞上鬚蘭

◆ **植株大小**：開花株高15~60公分

◆ **莖與葉子**：腐生蘭，地下塊根狀莖球狀、卵狀或橢圓狀，略扁，上具密集環狀節間，長3~5公分，徑2~3公分，灰黃褐色，內中空，具厚壁，莖直立，肉質，光滑，內中空，灰黃褐色、灰黃色或近白色。

◆ **花期**：春末至初夏，以5、6月盛開居多。

◆ **花序及花朵**：花莖由莖頂抽出，總狀花序長10~20公分，著花8至25朵，花長約1公分，不大張開，呈垂頭狀姿態，花色白黃色或近白色。

◆ **生態環境**：竹林、闊葉林或雜木林地生，喜稍乾燥、半透光的環境。

◆ **分佈範圍**：台灣的中、南部零星分佈，產地包括南投水里、溪頭、台南三腳南山、高雄桃源、屏東里龍山、恆春、社頂、大武山等，生長環境的海拔高度為300~1200公尺。

上鬚蘭這個族群屬於腐生植物，種類不多，總共只有5種。不過分佈範圍倒很廣泛，由歐洲、非洲、亞洲至澳洲都是它們的棲地。台灣已記錄到的有3種，除了高士佛上鬚蘭（亦稱泛亞上鬚蘭）之外，還有日本上鬚蘭及無葉上鬚蘭。

腐生蘭生活史中的絕大部份時間在地面下進行，只有在開花期間才露出土表，能夠與其相遇純屬機緣，觀察與記錄的數量可能較實際分佈情況來得少。目前發現地點皆在中、南部低山至中海拔下層山區。

高士佛上鬚蘭的分佈相當廣，除了棲生在台灣之外，在國外，由非洲經亞洲、澳洲至南太平洋的新幾內亞、新加里多尼亞島等都是其勢力範圍，可稱得上是廣佈全球的蘭種。

高士佛上鬚蘭為腐生蘭，在乾燥疏林或竹林裡偶爾可見（許再文攝）。

大葉絨蘭 *Eria javanica*（Sw.）Blume

◆ **英名**：Large-leaved Eria

◆ **植株大小**：30~45公分高

◆ **莖與葉子**：附生或地生蘭，根莖明顯，假球莖間距4~5公分，卵球狀，長約4公分，徑約2公分，基部有數枚鞘狀葉，生有2枚葉，葉片匙形，長40~45公分，寬5~6公分，光澤綠色，略有厚度的肉質。

◆ **花期**：秋季，9、10月盛開。

◆ **花序及花朵**：花莖自假球莖中段向上抽出，直立，長約40~50公分，全莖著花數10朵，向四方綻放，花徑約3.5公分，帶濃香，淡黃色。

◆ **生態環境**：森林裡附生或地生，通常生於半透光的環境。

◆ **分佈範圍**：台灣中部零星散佈，已知的產地為南投竹山，生長環境的海拔高度約300公尺。

大葉絨蘭在亞洲與大洋洲的熱帶與亞熱帶地區分佈很廣，可是在台灣卻相當稀有，只有在南投竹山發現過一次而已。大葉絨蘭的樣子有幾分像黃絨蘭，未開花時要辨別的話，不妨由莖葉方面的細部來著手。大葉絨蘭的根莖顯著可見，假球莖間有明顯的間隔，且形狀稍微圓滑，呈卵球狀，略帶肉質的葉子蠻大的，通常有40公分以上，葉形是匙形的。

而黃絨蘭的假球莖密生，根莖不太看得出來，假球莖形狀為略帶稜角的角柱狀，同時，黃絨蘭的葉片沒大葉絨蘭那麼大，一般長度在15至25公分之間，最大的也不會超過35公分，且形狀是倒披針形的，這些特徵都是可以看出彼此差異的地方。

不過，大葉絨蘭的已知族群實在太少，而且又十分局限，恐怕目前所知的，僅係身世的部份環節，它的全貌如何，仍是一片空白。

大葉絨蘭的開花株，花帶濃香。

樹絨蘭 *Eria tomentosiflora* Hayata

◆ **英名**：Tree Eria

◆ **植株大小**：35~100公分高

◆ **莖與葉子**：懸垂性的大型附生蘭，矮胖小株有的直立生長，成熟大株通常懸垂而末端上仰，假球莖多分支，每一分支長5~18公分，圓柱狀，徑0.5~1.5公分，末段生有4至6枚葉，葉片披針形或倒披針形，長7~15公分，寬1.2~1.5公分，綠色，紙質。

◆ **花期**：春季至夏初

◆ **花序及花朵**：花莖自假球莖末段兩側各節的小孔抽出，通常懸垂向下，長7~13公分，著花15至20朵，花徑1.5~2公分，黃綠底帶深淺不一的紅褐色。

◆ **生態環境**：附生在原始闊葉林的樹幹、橫向粗枝，通常生於溪畔潮溼、通風、半透光或遮蔭的環境。

◆ **分佈範圍**：台灣的低、中海拔零星分佈，產地包括台北新店直潭山、烏來、坪林碧湖、宜蘭雙連埤、蘇澳西帽山、花蓮龍溪、清水山、台東浸水營、威武山、蘇保台山、新港山、都巒山、草山、大武山、高雄南鳳山、藤枝、屏東大樹林山、枋寮、墾丁等地，生長環境的海拔高度約為400~1500公尺。

樹絨蘭是山區溪畔附近自生的懸垂性氣生蘭，特別喜歡有原始氣息的闊葉林相，在樹幹、高枝倒吊著，領受濕涼溪風的撫慰而輕擺，生長形態有幾分類似長距石斛與新竹石斛。

樹絨蘭的花序近照。

樹絨蘭以分支的方式成長，隨著時日累積，新芽、分支、株長同步累增，老株多重分支，能長得十分大叢，由於假球莖是肉質的，頗有份量，大叢樹絨蘭的重量可達10公斤以上。

樹絨蘭的假球莖多半是灰褐色，有種粗糙的感覺，幾枚薄葉只長在分支末段，稍嫌稀疏，植株會散發一股腥味，看來貌不驚人，聞起來也不是很討喜。也許就是因為對它不怎麼看好，每當春天來臨，毛絨絨的紅褐花莖由各分支末段大量抽出，醒目的泛紅花兒密密麻麻，幾乎染紅了末段植株，那種不期而遇的驚豔之感，讓人不由產生矛盾的好惡感受，即使不怎麼喜歡植株的樣子和氣味，卻又難擋花莖、花朵的媚人豔麗。

大芋蘭 *Eulophia pulchra* (Thouars) Lindl.

◆ **別名**：南洋芋蘭

◆ **植株大小**：20~35公分高

◆ **莖與葉子**：假球莖圓筒狀或棍棒狀，前端變尖，長8~14公分，徑1.5~2.5公分，有2至5節，生有2、3枚葉，葉柄長5~10公分，葉片長橢圓形，長12~25公分，寬4~7公分，綠色，紙質，三條明顯主脈。

◆ **花期**：秋季，10、11月開花。

◆ **花序及花朵**：花莖自假球莖基側抽出，長32~60公分，直立，總狀花序長12~18公分，著花15~25朵，花徑1.8~2.5公分，花裂淡綠至黃綠色，唇瓣白至淺黃色，花朵上佈褐色或紫紅色斑紋。

◆ **生態環境**：闊葉林、雜木林內地生，喜歡溫暖、陰濕的環境。

◆ **分佈範圍**：台灣只分佈在恆春半島低海拔山林中，產地包括屏東南仁山、佳洛水、里德山、台東壽卡、蘭嶼等，生長環境的海拔高度約100~400公尺。

大芋蘭在亞洲的分佈範圍廣泛，東南亞各國、南太平洋群島至新幾內亞一帶都有產。在台灣，這種假球莖圓筒狀的芋蘭屬植物分佈局限在恆春半島熱帶叢林當中。過去大芋蘭的族群數量堪稱普遍，可是現今看到的機會並不多，可能是因為恆春半島的天然林相大多已不復存在的關係，在族群尚未完全根絕的雜木林中，偶爾可遇零星植株散生於一地。

2004年初夏在蘭嶼尋蘭賞花時，於前往天池半途中，曾見到一叢大芋蘭與許多白花線柱蘭共生於密林坡地，因為當時巧遇白花線柱蘭開花，連帶地對所看到的大芋蘭印象也特別深刻。雖然國內文獻中未曾記載蘭嶼有這種植物分佈，不過島上的植株性狀與在恆春半島所見的一模一樣。

蘭嶼過去未曾記錄過大芋蘭，本圖係於2004年4月在大森山拍攝到的植株。

輻射芋蘭 *Eulophia* sp.

◆**植株大小**：16~32公分高

◆**莖與葉子**：假球莖圓筒狀，長5~9公分，徑1.2~1.8公分，通常生有2枚葉，有的還有第3枚較小的葉子，葉柄長3~4公分，葉片長橢圓形，長16~24公分，寬2.3~4.2公分，綠色，紙質，具摺扇式皺褶，葉背三條主脈突起呈脊狀。

◆**花期**：秋季，10、11月開花。

◆**花序及花朵**：花莖自假球莖基側抽出，長30~60公分，直立，著花13~20朵，非翻轉花（花朵不轉位），花徑約1.5公分，花裂青綠色，唇瓣白綠色，上佈紫褐色或紫色縱向線條及零星斑紋。

◆**生態環境**：海岸雜木林下坡地，地生性，喜歡溫暖、潮濕、半透光的環境。

◆**分佈範圍**：台灣只分佈在恆春半島低海拔山林，已知的產地為屏東垻亦山，生長環境的海拔高度約200公尺上下。

輻射芋蘭的花期主要在9月底至10月，11月中旬原生地的植株多數已開完花，結實累累（可能有自花授粉現象），圖中這叢開花較遲，花莖末端尚有殘花。

2005年9月高雄紅龍果蘭園鄧雅文女士寄來幾株帶花莖的芋蘭，由圓筒狀的假球莖判斷，應該是大芋蘭（也稱南洋芋蘭），因為筆者於2004年11月曾在恆春半島近海岸雜木林內見到大芋蘭散生於鬆軟的潮濕坡地，當時花期近尾聲，碰巧尚有少數幾株帶著殘花，因此可以確認身份，而那裡的大芋蘭植株就跟鄧女士寄來的一模一樣。

10月初鄧女士來電告知，原本以為是大芋蘭的植物開花了，可是令她困惑的是，花朵跟林讚標教授所著台灣蘭科植物書裡的不一樣，在筆者要求下，鄧女士又將幾棵開花株寄來，結果同樣讓筆者頗為訝異！

這些植株同是大芋蘭的模樣，花色也差不多，可是花形卻截然不同，除了蕊柱相似之外，花裂差異明顯，花瓣基半段相接，末半段分開，並與上萼片部份重疊（此一部份與大芋蘭相似），兩枚花瓣內半部各帶有由紫褐色條紋與塊斑構成的半圖案，如果把兩花瓣相接，則形成一完整的紋路圖案，而且此一由兩枚花瓣構成的圖案與唇瓣上的圖案幾乎一樣。此外，本種與大芋蘭差異最大的是唇瓣，唇瓣兩側無明顯側裂構造（大芋蘭唇瓣側裂直立），基部無明顯的距存在（大芋蘭唇瓣基部有約0.35公分長的綠色球狀距），唇瓣形狀與紋路幾與花瓣雷同（大芋蘭唇瓣與花瓣差異甚大），以致鄧女士當初才會告訴筆者這種芋蘭有六枚花裂，但不見唇瓣，又因本種開的是非翻轉花（花朵不轉位），更加讓人辨識不出唇瓣。

本種是台灣目前已知開非翻轉花且花朵唇瓣無明顯距的芋蘭屬植物，其它包括大芋蘭在內，台灣已知6種芋蘭的花朵都是

輻射芋蘭的花序近照可見花裂呈輻射對稱。

開翻轉花（花朵轉位180度），且唇瓣基部都有明顯的距之構造。這樣的情況讓人聯想到台灣金線蓮與恆春金線蓮的例子，這兩種金線蓮的植物體幾乎一模一樣，若不開花，沒有人有把握分得出來，可是兩者的花朵差異非常大，一旦開了花，身份立刻分明。

筆者將這種芋蘭開花株交予台大植物研究所林讚標教授作分類處理，林教授不愧為資深的蘭科分類學者，一眼即判斷這種芋蘭係由大芋蘭突變而來。經林教授與台大生態與演化研究所王俊能教授研判，初步認為係由於控制蘭科花朵左右對稱的基因發生異常，導致這種芋蘭的花朵呈輻射對稱，進一步的確認，有待實驗驗證。

尖葉暫花蘭 *Flickingeria tairukounia* (Ying) T.P.Lin

◆ **異名**：*Ephemerantha tairukonia* Ying

◆ **植株大小**：長可達30公分

◆ **莖與葉子**：附生蘭，植物體叢生，短株近直立，長株懸垂生長，莖細長，強韌，常有分支，長1~4公分，徑0.2~0.5公分，由多節組成，節間圓柱狀或棒狀，主莖及分支末段節間膨大形成假球莖，假球莖紡錘狀，側扁，淺綠至黃綠色，帶光澤，長3~6公分，徑1~1.8公分，頂端著生一枚葉子，葉片長橢圓形、卵狀長橢圓形或披針形，尖頭，長4~10公分，1.5~3公分軟革質，暗綠色。

◆ **花期**：春末，已知在5月開花。

◆ **花序及花朵**：花莖短，自假球莖末葉背抽出，著花1或2朵，壽命短暫，僅開半天左右，花朵半張，花徑小於1公分，花朵白色或淺綠白色。

◆ **生態環境**：附生於闊葉林或雜木林內樹幹基段，生長於局部遮蔭或半透光環境。

◆ **分佈範圍**：台灣東部及南部零星散佈，產地包括花蓮太魯閣、清水山、神秘谷、長春寺、西林、屏東老佛山等，生長環境的海拔高度為100至1000公尺。

這種台灣特有且難得一見的暫花蘭最早係由本土野生蘭名家何富順先生於1978年在花蓮太魯閣一帶山壁雜木林內發現，隔年由台大森林系應紹舜教授發表為*Ephemerantha tairukounia* Ying，爾後，於1987年再由台大植物研究所林讚標教授修訂為現今使用的學名*Flickingeria tairukounia* (Ying) Lin。

尖葉暫花蘭的棲地局限，族群數量稀少，主要分佈範圍集中在花蓮縣一帶，除了原發現地之外，爾後在清水山、神秘谷、長春寺等地先後被記錄到，近年來在恆春半島老佛山也被找到，不論是那一個產地，數量皆屬零星。

本種的植物體呈叢生狀，莖部細而韌，末段節間膨大形成假球莖，假球莖頂端著生一枚長橢圓形、卵狀長橢圓形或披針形的軟革質葉，莖容易分支，分支係由假球莖基部生出，且每一分支的末段也根主莖一樣，有一假球莖及一枚葉子，如此的生長方式為暫花蘭家族的特色。植物體中等大小，一般所見介於15至30公分之間，罕見的老株才能長到50公分長。

尖葉暫花蘭已知花期在5月，花莖短而不明顯，多半由假球莖頂端葉的背面抽出，通常著花1朵，偶生2朵，白色或淺綠白色的花朵長度不足1公分，姿態不全張，呈半開狀，加以開花性不良，曾經看過花朵的人可說是寥寥無幾。

垂頭地寶蘭 *Geodorum densiflorum* (Lam.) Schltr.

◆ **植株大小**：30~45公分高

◆ **莖與葉子**：淺根性地生蘭，基部膨大呈扁球狀假球莖，徑2~2.8公分，通常半埋於土中，莖長10~15公分，生有2、3枚葉，葉片長橢圓形，長20~40公分，寬4~10.5公分，綠色，紙質。

◆ **花期**：夏季，6、7月盛開。

◆ **花序及花朵**：花莖自假球莖基部側面抽出，長20~50公分，直立，末端彎曲向下，下垂段密生10至15朵小花，花朵半張，花徑1.5~2.3公分，白底泛紫暈或白色，唇瓣帶紫色脈紋。

◆ **生態環境**：原始闊葉林、竹林或檳榔林地生，通常生於半透光的環境。

◆ **分佈範圍**：台灣的中、南部及外島蘭嶼零星分佈，產地包括南投雙冬、台南東山、高雄梅山、屏東墾丁等，生長環境的海拔高度約400~1200公尺。

垂頭地寶蘭是中型的地生蘭，在台灣的分佈有明顯的地理局限，台中以北地區尚未有任何發現的紀錄，已知的生育地皆散佈於中、南部山區的雜木林和竹林內，有時也能在開墾農地如檳榔林下遇到。除此之外，在外島蘭嶼的熱帶叢林裡也有垂頭地寶蘭生長著。

垂頭地寶蘭在台灣不算普遍，不過在亞洲熱帶及亞熱帶地區分佈倒是很廣，由中國南部、中南半島，向東經琉球群島、菲律賓、印尼、馬來西亞，延伸至新幾內亞、澳洲，都有此種植物的存在。

垂頭地寶蘭生長於山區蔽蔭或半透光的林子裡，根系潛入土內不深，球莖淺埋土石中或半露土面，屬於淺根性的地生植物。球莖扁球狀，上頭著生二、三枚紙質的摺扇葉，整株外觀初看有幾分像根節蘭和罈花蘭的模樣。

垂頭地寶蘭最特別的地方是它的花莖，每年的夏天便是它花開的時候，此時花莖由球莖基部側面抽出，雖然植株給人柔弱欲傾的感覺，但花莖卻勁挺有力，徑至少有半公分粗，其長度約與葉長相仿基段直挺，不過末段卻彎曲下垂，而半開的花兒10至15朵就著生在下垂的部位，這副垂頭半遮掩的嬌羞模樣就是垂頭地寶蘭的名稱由來。花多半為白底微泛紫暈，但也有少數全白花及粉紅花。

垂頭地寶蘭的花莖與眾不同，末段向下彎曲，使花莖的樣子如枴杖般，花就開在下彎的部位，此株的花朵偏白，原生在南投雙冬海拔500公尺的檳榔林地上。

毛苞斑葉蘭 *Goodyera grandis* (Bl.) Bl.

◆ 英名：Red Rachis Goodyera

◆ 別名：長苞斑葉蘭、紅穗蓮

◆ 植株大小：20~35公分高

◆ 莖與葉子：中型地生蘭，根莖匍匐，長40~70公分，特長的可達100公分，莖圓柱狀，顏粗，肉質多汁，淡綠色，基半部匍匐，沿著土面橫走，末段直立向上，輪生6至10枚葉子，斜生長橢圓形或歪卵形長13~15公分，寬5~6公分，綠色紙質。

◆ 花期：夏季，7、8月盛開。

◆ 花序及花朵：花莖自莖頂葉間向上抽出，長20~35公分，直立，長圓柱狀，穗狀花序密生20至45朵花，花徑1.2~1.5公分紅褐色，唇瓣白色背面黃色，唇舌反捲。

◆ 生態環境：闊葉林、針葉林、雜木林、竹林內地生，常生於陰濕、通風的環境。

◆ 分佈範圍：台灣低海拔山林普遍分佈，產量多，生長環境的海拔高度約為200~800公尺。

毛苞斑葉蘭是低海拔各式林相裡非常容易看到的地生蘭，經常出現於山溪邊陰濕、通風的地方，在理想的生長環境裡，毛苞斑葉蘭往往可以欣欣向榮地繁衍，數以百計滿佈整片林床，細數本地的野生蘭，能有如此豐富族群的，毛苞斑葉蘭當可名列前幾位。

在斑葉蘭類植物裡，毛苞斑葉蘭算是體型較大的一種，株身自然高度在20至35公分之間，其實這只是植株仰起向上的部分，它的根莖很長，一般的長度為40到70公分，而特別長的則可及100公分，只不過匍匐於土面橫走的部份，多為莖葉、腐葉堆所遮掩，如果不將它拉起個別分開，還不知有那麼長。

毛苞斑葉蘭在夏天開花，且以7月中旬到8月中旬這段期間最熱鬧。花莖係由莖頂葉間筆直抽出，花莖的長度約與株高相當，總狀花序并然排列著20至45朵花，花雖不大，但紅褐、白、黃相間的搭配，近看還是覺得不賴。

穗花斑葉蘭 *Goodyera procera* (Ker-Gawl.) Hook.

◆ **別名：**膨紗根

◆ **植株大小：**20~30公分高

◆ **莖與葉子：**地生或石生蘭，根莖直，成簇叢生，莖長15~30公分，輪生8至10枚葉，葉片卵狀披針形或狹長卵形，長10~20公分，寬2~5公分，深綠色紙質。

◆ **花期：**春季

◆ **花序及花朵：**花莖自莖頂葉間向上抽出，莖幹粗，直立，長20~40公分，直立，穗狀花序密生60至100朵小花，花徑0.4~0.5公分，白綠色。

◆ **生態環境：**山區林緣潮濕地、山溪岩石上、瀑布旁岩壁、山路旁向陽草地及苔蘚層地生，喜歡非常潮濕的環境，有的植株為水噴濺或根部埋在浸泡土中。

◆ **分佈範圍：**台灣的低海拔山林及外島蘭嶼零星分佈，生長環境的海拔高度約為200~700公尺。

穗花斑葉蘭喜愛生長在潮溼的環境，可稱得上是半水生的植物。

穗花斑葉蘭是喜愛在近水處生長的地生植物，出現的地方通常是山路旁滲水的土石壁、溪澗岩石上、瀑布邊岩壁面，或者山徑路面水窪處與苔蘚地，有的植株生長的地方，根系經常與水接觸，有的則時有水氣、水滴噴及莖葉，很容易讓人誤以為是水生植物。

穗花斑葉蘭植物體有20至30公分高，開花時，植株連同直挺花莖高可達60公分高，在台灣所產的20種斑葉蘭裡頭，可以算是比較大型的一種，綠色的莖幹粗厚多肉，上段密集輪生近10枚純綠色葉子，在它分佈的低海拔山區沒有類似的種類與其競爭，要辨別它並不困難，雖然，雙板斑葉蘭(亦稱長葉斑葉蘭)的型態與穗花斑葉蘭有幾許相近，不過，雙板斑葉蘭的植株稍小一點，而且主要分佈在中海拔地區，兩者的垂直分佈並沒有明顯重疊。

穗花斑葉蘭在春天開花，粗壯筆直的花莖上段密生迷你小花，白綠色的花朵不到半公分寬，單就花朵本身，沒有什麼引人之處，不過，若由整體來看，翠綠的莖葉搭配一支支白綠花穗，野地遇到了，不禁也會駐足看它幾眼。

岩坡玉鳳蘭 *Habenaria iyoensis* Ohwi

◆ **植株大小**：15~40公分高

◆ **莖與葉子**：中形地生蘭，莖下生有1至2個地下塊根，長橢圓體，莖短，輪生5至7枚葉，葉片長橢圓形或寬倒卵形，長約10公分，寬約2公分，綠色。

◆ **花期**：秋季，主要在9、10月。

◆ **花序及花朵**：花莖自莖頂葉間直立抽出，長15~40公分，總狀花序著生8至10朵花，花徑2~2.5公分，花朵淡綠色。

◆ **生態環境**：低山林緣的岩壁、土坡、路旁草叢，喜歡半透光的環境。

◆ **分佈範圍**：台灣的中南部低山零星分佈，產地包括新竹錦山、台中東勢、嘉義瑞里、日月潭、屏東山地門、北大武山等，生長環境的海拔高度700公尺或以下。

台灣的玉鳳蘭有8種，植物體的外觀長得都差不多，不外莖桿上生著一輪長橢圓形或是倒披針形的軟質葉子，野外觀察時如不遇開花，實在不容易看出所見者為誰，即便是有經驗的賞蘭者，有時也僅能藉著植株形態、生長環境、分佈地區作個初步判斷，還好就岩坡玉鳳蘭來說，葉子在莖上長的位置及與地面的關係，倒是可以作為判斷本種的參考。

本種主要出現於中南部山區的岩壁土坡或向陽山路旁草叢，特色是5至7枚葉輪生於短莖上，葉片往往貼在岩壁面或土面上，長法與岩坡玉鳳蘭比較接近的就屬玉蜂蘭，不過，後者莖上最低的一枚葉子通常離生長處表面尚有10公分，至多只是下層葉子末端碰觸到表面罷了，而且玉蜂蘭多半長在竹林，生長環境不盡然相同。

岩坡玉鳳蘭的莖短，不過花莖可不短，最長可達40公分，上面排列著8至10朵淡綠色花，花徑有2至2.5公分寬，並不算小，花瓣與上萼片形成罩狀，唇瓣則像十字架的樣子，說來花形頗為奇特，不失為一種素雅耐看的觀賞性蘭花。

台中東勢山路旁苔蘚坡地上盛開的岩坡玉鳳蘭（許再文攝）。

長穗玉鳳蘭 *Habenaria longiracema* Fukumaya

◆ **異名**：*Habenaria lucida auct. non* Lindl.

◆ **英名**：Long Raceme Habenaria

◆ **別名**：翹唇玉鳳蘭

◆ **植株大小**：6~10公分高

◆ **莖與葉子**：地生蘭，地下塊根橢圓狀或紡錘狀，長2~8公分，植株高6~10公分，莖細長圓柱狀，直立，上半部輪生3至5枚葉，葉片倒披針形或長橢圓形，長10~18公分，寬2~4公分，灰綠或綠色，紙質。

◆ **花期**：夏末至秋初，8、9月盛開。

◆ **花序及花朵**：花莖自莖頂葉間抽出，長30~55公分，直立，總狀花序密生30至60朵花，花徑0.7~0.9公分，綠色，上萼片與花瓣形成罩狀構造，兩側萼片伸展至近成一線，側萼片上半部綠色，下半部白綠色，顏色深淺區隔明顯，唇瓣中裂上翹，頂住罩狀花被前端。

◆ **生態環境**：山區溪岸、山路旁土坡、雜草堆、灌木叢地生，生長於乾燥或略微潮濕、局部蔭蔽或透光照射的環境。

◆ **分佈範圍**：台灣的中、南部山區零星分佈，產地包括南投霧社、蕙蓀林場、高雄桃源、六龜、屏東恆春、北大武山等，生長環境的海拔高度約為200~1500公尺。

玉鳳蘭屬的植物具有休眠性，秋末、入冬天氣轉冷的時候就會落葉莖枯，留下地下塊根在土裡過冬，地上莖葉完全從地面上消失，今年錯過的人就只有等來春才行。入春天暖時，地下塊根上的芽便會萌發破土抽出，春、夏是生長期，呈輻射狀排列的幾枚柔嫩軟葉在這段期間增多抽長，包捲在莖頂葉內的花莖也跟著成長顯露，夏末、秋初當植株成熟時，同時也是花莖含苞待放的時候。

就長穗玉鳳蘭而言，5、6枚草綠色的葉子在夏季成熟，因為莖短，倒披針形的大葉常局部觸地，感覺好像植株是趴在土面上的，植株像這樣貼地生長的玉鳳蘭還有玉蜂蘭及岩坡玉鳳蘭。

它的植株雖矮，花莖卻挺修長筆直，開花時很容易就可看得到，本地名稱就是基於唇瓣上翹的特色而來的。

高雄桃源海拔約600公尺山路旁土壁的長穗玉鳳蘭，9月初正值開花，花莖筆直挺立，長度逼近60公分。

叉瓣玉鳳蘭 *Habenaria pantlingiana* Kraenzl.

◆**異名：**

Habenaria longitentaculata Hayata

◆**別名：**冠毛玉鳳蘭

◆**植株大小：**30~50公分高

◆**莖與葉子：**地生蘭，地下塊根長橢圓狀或圓柱狀，長2~4公分，植株長30~50公分，莖細長圓柱狀，直立，上半部輪生5至7枚葉，葉片橢圓狀披針形，長14~17公分，寬4~5公分，灰綠或深綠色紙質。

◆**花期：**夏末至中秋，9、10月盛開。

◆**花序及花朵：**花莖自莖頂葉間抽出，長25~40公分，直立，總狀花序密生20至80朵花，花徑3公分左右，花長2.2~2.5公分，草綠色，唇瓣白綠色，狀似昆蟲。

◆**生態環境：**山區闊葉林、次生林、竹林內地生，通常生長在蔭蔽或半透光環境。

◆**分佈範圍：**台灣的低海拔零星分佈，產地包括台北烏來、福山、石碇、三峽滿月園、逐鹿山、坪林碧湖、桃園插天山、宜蘭四堵、台中烏石坑、台南三腳南山、台東壽卡、達仁等，生長環境的海拔高度約為200~700公尺。

叉瓣玉鳳蘭是模樣長得像一般草本植物的地生蘭，入春時，挺直的圓柱狀莖由地下塊根破土而出，上半部輻射狀排列著5到7枚柔嫩綠葉。春夏是生長期，莖葉在這段期間增長抽長，同時隱含在莖頂葉間的花莖也跟著成長顯露；夏末秋初當植株成熟時，正是花莖含苞待放的時候。

叉瓣玉鳳蘭的高度可長到50公分，可說是本地玉鳳蘭中的大個子，而開花時則又顯得更為高挑，直立的花莖可達到40公分高，整個開花株逼近1公尺，相當多花，總狀花序密生20至80朵的草綠色花朵，細裂成絲狀的花瓣與唇瓣向前面及左右彎曲伸展，樣子有如昆蟲的腳，仔細品味，顏色素雅自然，形狀也別緻的。

玉鳳蘭的植物體都長得差不多，光看莖葉僅能作初步判斷，很難清楚辨別種類，要確定為何種，開花的時候最準。在台灣的玉鳳蘭屬植物中，叉瓣玉鳳蘭跟裂瓣玉鳳蘭長得最像，兩者的花瓣與唇瓣都呈絲狀裂，要分辨彼此，需仔細看絲裂的情形，同時，一般而言，叉瓣玉鳳蘭的花朵排列密集，花裂相互交錯，而裂瓣玉鳳蘭的花朵間空隙稍微寬鬆，通常花裂無相互交錯的情形。

叉瓣玉鳳蘭在北部的低山區經常可見，圖中植株生長於台北烏來孝義西坑林道。

叉瓣玉鳳蘭的花序近照。

狹瓣玉鳳蘭 *Habenaria stenopetala* Lindl.

（許再文攝）

◆ **異名**：*Habenaria delessertiana* Kranzl.

◆ **別名**：線瓣玉鳳蘭

◆ **植株大小**：20~40公分高

◆ **莖與葉子**：中、大型地生蘭，莖下生有2個地下塊根，圓柱狀或長橢圓狀，長2~6公分，徑1~2公分，莖直立，長圓柱狀，長20~40公分，約0.6公分粗，由數枚管狀葉鞘所包覆，上半段輪生6至9枚葉，葉片橢圓狀長橢圓形或倒披針形，長8~16公分，寬3~4公分。

◆ **花期**：秋季，主要在9、10月。

◆ **花序及花朵**：花莖自莖頂葉間直立抽出，長10~20公分，總狀花序密生15至20朵花，花徑約2公分，花朵白綠色至草綠色，距長1.3~2.6公分。

◆ **分佈範圍**：分佈在台灣的低海拔山區，產地包括台北烏來福山、拔刀爾山、坪林碧湖、苗栗楊梅山、台中烏石坑、南投溪頭、嘉義瑞里、高雄六龜、屏東里龍山、南仁山、出風鼻、台東大武山、蘭嶼殺蛇山等，生長環境的海拔高度約為300~900公尺。

◆ **生態環境**：山區闊葉林、次生林、竹林內地生，通常生長在蔭蔽或半透光環境。

　　狹瓣玉鳳蘭在台灣的玉鳳蘭屬成員當中，是屬於體型較大的一種，植株最大的有40公分高，開花株連同花莖，高度可到60公分，它的體型與長相跟叉瓣玉鳳蘭（或稱冠毛玉鳳蘭）類似，都是莖桿高挑，葉子輪生於頂部，若不是在開花期間，即使在野外遇到了，想要分出彼此，也得費好大的一番功夫。

　　狹瓣玉鳳蘭的花莖長在10至20公分之間，上半段密生15至20朵白綠色或草綠色的花，花瓣不分裂，這個特徵是它與近似種的差別所在；叉瓣玉鳳蘭的花莖可達40公分高相當多花，總狀花序密生20至80朵花，花瓣分裂為二條彎曲的絲帶。

梅蘭林道裡狹瓣玉鳳蘭的生長環境（許再文攝）。

白點伴蘭 *Hetaeria cristata* Blume

白點伴蘭的花朵近照，可見花軸、苞片及萼片上佈滿零星短毛。

◆ **別名**：白肋角唇蘭

◆ **植株大小**：10~20公分高

◆ **莖與葉子**：淺根性小型地生蘭，根莖匍匐，莖直立，10~20公分高，上半段輪生2~6枚葉，葉片斜生卵狀披針形，長3~10公分，寬2~3公分，葉表暗綠色，葉背白綠色，中脈有一明顯白色條紋，紙質。

◆ **花期**：秋季，9、10月開花居多。

◆ **花序及花朵**：花莖自莖頂抽出，直立，長12~20公分，密生5至15朵小花，花朵半張，花徑0.5~0.7公分，萼片紅褐色，唇瓣白色。

◆ **生態環境**：闊葉林、人造針葉林、雜木林、竹林內地生，常生於陰濕環境。

◆ **分佈範圍**：台灣普遍分佈，生長環境的海拔高度為100~2000公尺。

台北縣尖山湖的白點伴蘭結成一串果實，此種植物可能有自花授粉現象。

在低海拔各式林相裡的陰濕林床間，經常遇到葉表暗綠且有白色中脈的小型地生蘭，由於鳥嘴蓮的知名度比較高，很多人就把它當作是鳥嘴蓮，其實這類植物十之八九應該是白點伴蘭。

雖然上述這兩種地生蘭的葉表都具有白色中脈，但是由於花朵很不一樣，鳥嘴蓮屬於斑葉蘭屬，葉背泛紅暈為其特色，主要分佈在中海拔的中層至上層；而本文所介紹的白點伴蘭隸屬於伴蘭屬（或稱角唇蘭屬），花朵開口極小，花莖上的花朵同時綻放，因為花朵壽命短，且可能有自花授粉現象，所以在野外看到時，花序上幾乎都是結實纍纍的一串蒴果，很難得碰到花朵在開。筆者在野地賞蘭多年，始終無緣遇到白點伴蘭開花，本文照片中的開花植株係由張志慶先生所栽培。

圓唇伴蘭 *Hetaeria biloba* (Ridl.) Seidenf. & J. J. Wood

◆ **異名**：*Heterozeuxine rotundiloba* (J. J. Smith) S. C. Leou

◆ **植株大小**：5~25公分高

◆ **莖與葉子**：淺根性小型地生蘭，根莖匍匐，莖直立，圓筒狀，長5~23公分，上段輪生3至7枚葉，葉片卵狀披針形或狹長披針形，長3.5~9公分，寬1~3.5公分前端漸尖頭，軟革質，暗綠色，帶光澤。

◆ **花期**：冬末至初春

◆ **花序及花朵**：花莖自莖頂葉間向上抽出，直立，長10~18公分，上半段著花8至25朵，花裂綠色至綠褐色且帶白色，唇瓣白色。

◆ **生態環境**：闊葉林、雜木林、竹林內地生，通常生於陰濕的環境。

◆ **分佈範圍**：台灣的中、南部零星分佈，已知產地包括台中谷關、南投竹山、信義、嘉義瑞里及屏東里龍山等，生長環境的海拔高度約為600~1000公尺。

提到伴蘭屬（亦稱角唇蘭屬）的植物，很自然會聯想到白點伴蘭（亦稱白肋角唇蘭），因為這種地生小草本廣泛分佈在我們島上的低、中海拔各式林相裡，其實，我們這裡另外還有一種較不為人知的伴蘭屬植物，叫作圓唇伴蘭，它是由陳子英教授於1988年首次採得，隔年由柳重勝博士正式對外發表。

這種地生蘭目前僅在南投竹山及屏東里龍山等少數地點發現，分佈局限，族群數量不多，雖在學術書刊得其名，但實際見過的人不多，人們對它比較陌生，對於它的長相如何，根本沒有什麼印象。事實上，這種地生蘭的植物體頗具特色，不難與其它斑葉蘭類植物區分，它的葉子瘦長，呈卵狀長橢圓形或狹長披針形，且葉尖呈漸尖形，暗綠色的葉表平滑油亮，好像抹了一層蠟油似地，三條微凹陷的縱向脈紋清晰可見，光看葉子就覺得這種植物具有一股獨特的氣質。

圓唇伴蘭在2月至3月上旬這段期間開花，花朵不轉位，為非翻轉花，而姊妹種白點伴蘭的花轉位180度，開的是翻轉花，兩種伴蘭的植株及花朵差別分明，沒有混淆的地方。

本種花裂呈綠色帶白色條紋，唇瓣分為基裂、中裂及前裂三段，前裂又裂開成左右兩枚近圓形的白色裂片，此一特徵近似線柱蘭屬（genus *Zeuxine*）中的某些成員，因此這種植物過去分別曾被納入線柱蘭屬及異線柱蘭屬（genus *Heterozeuxine*）裡頭。

圓唇伴蘭的花朵不轉位，花軸、梗
生子房及花裂外表密被白色長毛。

產於嘉義的圓唇伴蘭正值花
開，它的狹長披針形葉片帶
光澤，三條主脈明顯可見，
使它很容易與其它斑葉蘭類
植物區隔（張克森攝）。

齒唇羊耳蒜 *Liparis henryi* Rolfe

◆ **異名**：*Liparis shaoshunia* S. S. Ying

◆ **植株大小**：15~25公分高

◆ **莖與葉子**：中型地生蘭，莖圓柱狀，肉質，10~20公分長，徑0.6~1.5公分，著葉3至5枚，葉片橢圓狀卵形至卵狀披針形，略微歪斜，長5~15公分，寬3~6公分，綠色，紙質，具摺扇狀縐褶。

◆ **花期**：春季

◆ **花序及花朵**：花莖自莖頂葉間向上抽出，長15~40公分，直立，青綠至黃綠色，有的帶紫色，著花5至20朵，花朵寬展，花徑1.8~2公分，花裂紫紅色，唇瓣倒卵狀，青綠至翠綠色，微帶透明，即將凋謝前局部轉為紫紅色，邊緣呈細鋸齒狀，蕊柱紫紅色，花藥白綠色。

◆ **生態環境**：原始闊葉林、雜木林內地生，通常生於潮溼、遮蔭的環境。

◆ **分佈範圍**：台灣僅分佈於恆春半島，產地包括屏東南仁山、南仁湖等，生長環境的海拔高度約為200~500公尺。

　　齒唇羊耳蒜為台灣特有的美麗蘭科植物，可是由於分佈範圍狹窄，生育地局限在台灣南端恆春半島的低山森林裡，想要欣賞它的開花美姿，只有在春天到恆春半島行走一趟才行。

　　齒唇羊耳蒜跟大花羊耳蒜的關係親近，無論是植株與花朵都很像，不開花的時候，光看莖葉，很像是小號的大花羊耳蒜，也像寶島羊耳蒜或紅花羊耳蒜。

　　春天是齒唇羊耳蒜的花期，由3月底起，早開的便已開始綻放，4月期間多數植株都會盛開，到了5月的時候，大部份已完全開盡而開始結果，少數晚開的，也許尚有最後一波殘花。齒唇羊耳蒜的花朵形狀與大小很像大花羊耳蒜，只是本種的唇瓣是綠色的，而大花羊耳蒜花裂及唇瓣都呈紫紅色，要辨別這兩種近緣的羊耳蒜，最容易的方法就是看唇瓣的顏色。

齒唇羊耳蒜為台灣特有的蘭科植物。

（林松霙繪）

齒唇羊耳蒜的花朵形狀近似大花羊耳蒜，
主要差異在唇瓣為綠色的。

桶后羊耳蒜 *Liparis* sp.

◆ **英名**：Tunghochi Liparis

◆ **別名**：小小羊耳蒜

◆ **植株大小**：5~8公分高

◆ **莖與葉子**：迷你附生蘭，假球莖卵錐狀，長0.6~1公分，徑0.3~0.6公分，頂生一葉，葉片線狀披針形，長4~7公分，寬0.6~0.8公分，綠色，紙質。

◆ **花期**：夏末至仲秋8至9月開花居多。

◆ **花序及花朵**：花莖自假球莖頂部抽出，長5~8公分近筆直，著生10至15朵小花，花朵半張，花徑0.25~0.3公分，黃綠色。

◆ **生態環境**：原始闊葉林樹木枝幹附生，生長於溪畔潮濕、通風、遮蔭或半透光的環境。

◆ **分佈範圍**：台灣北部零星分佈，產量極稀，產地包括台北烏來桶后溪、坪林金瓜寮溪、姑婆寮溪、台南甲仙等，生長環境的海拔高度約為200~600公尺。

台北坪林金瓜寮溪溪畔樹幹上的桶后羊耳蒜，11月初遇見時，花莖上結實成串。

在山林野地裡久了，總有機會邂逅稀奇難得的物種，桶后羊耳蒜就是筆者首次遇見本土文獻尚未記錄過的蘭種。

桶后羊耳蒜的植株長度不及10公分，與台灣目前已知的21種羊耳蒜比較，算是相當小的，它的花朵更為細小，花徑只有0.25公分左右，遠比現有羊耳蒜的花朵小得多。就拿小花羊耳蒜來比較，其花徑約0.8公分，在台灣已知的羊耳蒜裡算是小的，可是桶后羊耳蒜的花朵卻僅有小花羊耳蒜的三分之一左右大小，因此，不難看出這種迷你型羊耳蒜的特殊性。

初遇桶后羊耳蒜，需回溯至2000年的夏天，那段期間出入烏來山區相當頻繁，有一回7月的尋蘭之行，在距溪畔不遠一棵老樹樹幹約及胸部的位置，發現零星幾叢桶后羊耳蒜與烏來石仙桃混生在一起，當

時已有花莖抽出，經過多次往返觀察，終於在8月中旬遇見開花。兩年前，這幾叢桶后羊耳蒜消失了，觀察因而中斷。

2004年5月初，一次由蘭友張良如先生引領的台北坪林姑婆寮溪賞蘭之旅，再次巧遇睽違已久的桶后羊耳蒜，附生於傾向溪澗的樹幹近樹梢處，它生長的環境既潮濕又通風，周圍同時發現了烏來捲瓣蘭、黃萼捲瓣蘭、長距石斛、大腳筒蘭、黃松蘭、銀線蓮、心葉葵蘭等蘭科植物。

2005年9月，伴同蘭友張良如先生與李昭慶先生前往台北坪林金瓜寮溪賞蘭攝影，又見桶后羊耳蒜附生於傾向溪邊的樹幹中段腹面，花莖上結著一串串細小橢圓狀蒴果。綜合目前已知三處發現地點的觀察情形，生長環境都是在低海拔闊葉林溪畔迎向溪澗的樹幹。

產於台北烏來桶后溪溪邊大葉楠樹幹低處的桶后羊耳蒜，8月中旬含苞待放。

心唇金釵蘭 *Luisia cordata* Fukuyama

◆ **英名**：Heart-lipped Luisia

◆ **別名**：安朔金釵蘭

◆ **植株大小**：35~70公分高

◆ **莖與葉子**：大型氣生蘭，莖挺直強韌，圓柱狀，長30~60公分，徑0.5~0.7公分，基半段落葉部份被覆乾枯葉鞘而呈黃褐色，上半段著葉部份為綠色，葉子互生，斜向上或近平行生長，葉片呈漸尖的圓柱狀，長5~12公分，徑0.25~0.4公分，綠色，肉質。

◆ **花期**：春季，所見的植株於4月底至5月初盛開。

◆ **生態環境**：原始闊葉林樹幹附生，喜歡半透光、空氣潮濕的環境。

◆ **花序及花朵**：花莖自莖節上方向上抽出，粗短，長0.5~1公分，徑0.2公分，著花2至6朵，花苞下垂，花朵近展開，花徑約1公分，花裂綠色或灰綠色，花瓣線形，唇瓣暗紫色，中裂心臟形。

◆ **分佈範圍**：台灣的東北部及東南部零星分佈，發現次數極少，產地包括台北烏來、台東安朔等，生長環境的海拔高度約為200~500公尺。

心唇金釵蘭的植物體有些像棒葉萬代蘭，每花莖開花數較多，最多可到6朵。

心唇金釵蘭為台灣特有的蘭科植物，而且也是台灣產的三種金釵蘭中最為稀有的一種，自從日本人鈴木氏在1933年發現，由福山氏於1934年發表之後，就不曾再被記錄到，因此幾十年來沒有人見過它的活體植株。

70年後的2004年初春，李姓蘭友在台北烏來看到一群金釵蘭附著在巨大的倒木主幹上，由於倒木在地上已有一段時日，有的植株已奄奄一息，於是把尚稱完好的取回。李氏蘭友覺得這種金釵蘭的莖粗壯且高挺，稍微異於金釵蘭(牡丹金釵蘭)與台灣金釵蘭(大萼金釵蘭)　的習性，後兩種的莖部多少有些彎曲，便將樣本帶來與筆者討論，初見直覺的反應，認為這種金釵蘭的植株近似東南亞產的棒葉萬代蘭，可是查閱心唇金釵蘭的資料，對於其植株習性的描述，僅及莖長與徑，以致不敢確定是否就是這種尚未見過的植物。一個月後的4月底，李氏蘭友的植株與筆者受贈的植株都開花了，終於才能確定是心唇金釵蘭的再現。

心唇金釵蘭除了上述的植株特色，花部的特徵才是重點，它的花瓣是線形的，且微幅內曲，姿態有幾分牛角的樣子，唇瓣全為暗紫色，中裂呈心形，這一特徵就是拉丁學名與中文名稱的由來。

心唇金釵蘭花朵的展開過程也非常具有特色，初開時因花仍朝下，以致上萼片與花瓣末端指向斜下方，由正面觀看，係見到花裂的背面，這樣的姿態讓人聯想到蜘蛛的模樣(是不是有擬態效果，就有待觀察了)　，此時因唇瓣為花裂遮住，除非由花的下方往上看，否則根本看不到唇瓣，當花朵完全地綻放，上萼片與花瓣向上仰起，呈近展開狀時，唇瓣才會明顯地呈出來。

心唇金釵蘭唇瓣呈絨質的深紫色，中裂為心臟形，此為本種的特徵。

心唇金釵蘭的花裂朝下，從背面看，狀似淺綠色的蜘蛛。

圓唇軟葉蘭 *Malaxis ramosii* Ames

◆**英名**：Round-lipped Adder's-mouth

◆**別名**：圓唇小柱蘭

◆**植株大小**：3~5公分高

◆**莖與葉子**：淺根性小型地生蘭，通常生有2枚葉子，葉片歪卵狀橢圓形，長5~8公分，寬3.5~4.5公分，淡綠色，紙質。

◆**花期**：夏季至秋季

◆**花序及花朵**：花莖由莖頂抽出，長10~20公分，近直立，間隔有序長著20至30朵小花，續花性，每次綻放2、3朵，花朵寬展，花徑0.6~0.7公分，橘色或橘黃色，花朵不轉位。

◆**生態環境**：熱帶叢林地生，通常生於濕熱、遮蔭或半透光的環境。

◆**分佈範圍**：台灣只分佈於外島蘭嶼，生長環境的海拔高度約為300~400公尺。

圓唇軟葉蘭的開花性佳，黃綠至橘黃色花朵由花軸基部向上接續開出，每次綻放一至二朵，同時花莖跟著繼續抽長，單一花莖由初開至全謝可持續三個月之久。

蘭嶼島上的植物相跟鄰國菲律賓在植物地理上具有密切的地緣關係，許多蘭嶼才有而在台灣本島沒有，或僅零星分佈在南台灣恆春半島的蘭科種類，在菲國北方群島乃至呂宋島北部均為族群的主要分佈地，而圓唇軟葉蘭的產地即是如此，除了分佈於菲律賓之外，就僅出現在蘭嶼。

在分類上，圓唇軟葉蘭隸屬於軟葉蘭屬（或稱小柱蘭屬），該屬廣佈於全球熱帶及亞熱帶地區，總數達300種以上，台灣已知有7種。本種係由美國蘭花學者奧克斯·埃姆斯（Oakes Ames）在1911年發表，樣本採自菲律賓。在台灣，則是由台大植物研究所林讚標教授於1976年在蘭嶼殺蛇山首次記錄到它的存在。

圓唇軟葉蘭為一種小型地生蘭，一般植物體3至5公分高，通常生有兩枚歪卵狀橢圓形葉，植株形態不突出，乍看有點像小型的地生羊耳蒜。夏季至秋季是花期，花莖細長而幾近直挺，花朵由花序基部開起，每次綻放2至3朵，逐步向上開去，整支花序開完，最長可持續三個月之久。花雖不大，但略微圓整的橘色花朵鮮豔醒目，頗能吸引人們駐足欣賞。

圓唇軟葉蘭原產於外島蘭嶼，本圖中的植株係林試所陳一銘先生所有。

紫背小柱蘭 & 涼草

紫背小柱蘭

◆ **學名：**

Malaxis roohutuensis (Fuk.) S. S. Ying

◆ **英名：**Purple-leaved Adder's-mouth

◆ **植株大小：**10~16公分高

◆ **花序及花朵：**花莖自假球莖頂抽出，綠色且帶紫色，長8~15公分，直立，密生30至40朵小花，花徑0.45~0.5公分，淺綠至橘色，側萼片先端橘紅色，唇瓣橘色帶紫色。

◆ **莖與葉子：**淺根性地生蘭，莖圓柱狀，肉質，長5~15公分，徑0.3~0.5公分，綠色或泛深紫色，基段淺埋於土中，或貼於土面，4至11片葉子二列互生於莖兩側，葉片歪橢圓形，長4~7公分，寬2~4公分，葉表綠色或微泛紫暈，葉背綠色帶深紫色或深紫紅色，有的幾乎全部呈帶光澤的深紫色或深紫紅色，紙質。

◆ **花期：**夏末至秋季，8至10月開花。

◆ **生態環境：**闊葉林下地生，通常生於溫暖、潮溼、遮蔭或半透光的環境。

◆ **分佈範圍：**主要產於台灣南部及外島蘭嶼，北部及東部僅零星發現，產地包括台北貢寮、花蓮豐濱、太魯閣、秀林、屏東里德山、老佛山、鹿寮溪、南仁山等地，生長環境的海拔高度約為100~400公尺。

植株優美的紫背小柱蘭為小型的地生蘭，綠紫色至深紫色的莖上著生兩排二列互生的葉子，葉表綠色，葉背帶紫色，圖中的植株產於台東，莖及葉背皆為深紫色。

涼　草

◆ **學名**：*Malaxis banconoides* Ames

◆ **植株大小**：12~20公分高

◆ **莖與葉子**：淺根性地生蘭，莖圓柱狀，肉質，綠色，長10~15公分，徑0.5~0.7公分，基段淺埋於土中，或貼於土面，葉二列互生於莖兩側，5至9枚，葉片歪橢圓形或卵狀橢圓形，長4.5~8公分，寬2~4公分，綠色，紙質。

◆ **花期**：夏末至秋季，9至11月開花。

◆ **花序及花朵**：花莖自假球莖頂抽出，長12~15公分，直立，密生30至40朵小花，花徑0.25~0.3公分，橘黃色。

◆ **生態環境**：闊葉林下地生，通常生於溫暖、潮溼、遮蔭的環境。

◆ **分佈範圍**：台灣僅產於外島蘭嶼，產地包括天池、殺蛇山。

　　紫背小柱蘭與涼草都是台灣產的小柱蘭屬（亦稱軟葉蘭屬）地生蘭，兩者植株性狀相似，在台灣植物誌第二版第五卷裡被合併為一種，中文名字改稱「裂唇軟葉蘭」。惟在林讚標教授所著台灣蘭科植物第二冊裡，由兩種的分類記載、線描圖及彼此唇瓣比較圖示顯示，這兩種小柱蘭的細部構造確有部份差異。再者，兩種間也有明顯的地理區隔，紫背小柱蘭產於台灣南端恆春半島一帶及東部花蓮若干地點，也曾在台北縣被發現過一次；而涼草則僅出現在蘭嶼，台灣本島並無紀錄。筆者曾接觸過屏東里龍山、老佛山、台東壽卡及花蓮秀林等產地的紫背小柱蘭，也在蘭嶼大森山見過不少涼草，光由植株特徵即可將

兩者區分出來。在此還是遵循林教授的分類，將此二近緣種分別視為獨立的種。

　　紫背小柱蘭是一種相當美麗的小型地生蘭，植物體通常單獨一株分開來散生一地，叢生或密集聚生的情況較少。葉片表面綠色帶紫暈，背面則呈光滑的深紫色，植株本身就極具吸引力，花色綠、橘或紫色參雜，大小接近半公分，雖然花朵小，不過，整支花序看起來挺有美感。

　　涼草的植株通常比紫背小柱蘭稍大，在原生地所見，常藉根莖相連成片，喜歡聚生在一起生長。葉片表面及背面大抵為綠色的，花色橘黃，花徑0.3公分左右，雖然花朵這麼小，由花序全貌來看，還是很漂亮。

產於蘭嶼天池的涼草植株較紫背小柱蘭稍大，葉表及葉背皆為綠色。

單花脈葉蘭 *Nervilia nipponica* Makino

◆異名：*Nervilia punctata* Makino

◆英名：Punctuate Nervilia

◆別名：八卦癀

◆植株大小：2~5公分高

◆莖與葉子：腐葉堆、腐植土裡生長的淺根性小型地生蘭，地下塊莖近球狀，徑0.8~1.5公分，白色，微帶透明，葉柄長2~5公分，葉片近六角形，寬3.5~5公分淺綠至灰綠色，上佈綠色或深綠色條斑，紙質。

◆花期：初春

◆花序及花朵：花莖淺綠色，有的帶細紫點，長4~12公分，結果後可抽長至24公分，直立，末端花朵單生，花朵半張，花長約2公分，花裂淺黃、淺綠或綠褐色，有的帶紫色斑點或脈紋，唇瓣白底帶紫斑色斑點及細毛。

◆生態環境：原始闊葉林林下富含腐植土的坡地，通常生於林蔭下潮濕的環境。

◆分佈範圍：台灣全島零星分佈，產地包括花蓮和仁、秀林、苗栗大坪、大雪山、台中谷關、南投郡大林道、東埔、八仙山、杉林溪、屏東霧台等，生長環境的海拔高度約300~2000公尺。

一提起八卦癀，老一輩的人不論有沒有親眼看過它，十之八九都耳聞過這種植物。在過去西醫尚未普及的年代，草藥無疑成為人們治療疑難雜症的重要處方，在眾多的藥用植物中，有些是屬於蘭科植物，譬如金線蓮(包含金線蓮與恆春金線蓮)、白及、石斛(台灣產的12種石斛都具有療效)、鳥嘴蓮、膨砂根(穗花斑葉蘭)、銀鈴蟲草(心葉羊耳蒜)以及盤龍參(綬草)等等，皆為大家耳熟能詳的本土藥用蘭花，而八卦癀(單花脈葉蘭)、一點癀(廣義指所有脈葉蘭，狹義指東亞脈葉蘭)與紅衣草(紫花脈葉蘭)更是其中的名貴藥草，根據草藥學的研究，八卦癀等脈葉蘭屬植物的地下塊莖，味酸帶苦甘，性寒，具有固肺涼血、消炎解鬱的功效，主要用於治療肺疾與高血壓。

單花脈葉蘭為休眠性植物，入冬莖葉便枯萎凋落，由土面上消失，只剩地下塊莖埋藏於淺土層中休眠度冬，如果您的栽培收藏中有它，最好能瞭解它的這種習性，否則很容易在莖葉枯萎凋落後，誤以為栽培失敗，把含有休眠地下塊莖的盆土倒掉出清，那就太可惜了。

單花脈葉蘭的每一花序頂生單花，春天開花時葉子尚未長出。

初春的3月是花期，花莖由土面冒出，長度在4至12公分之間，頂端單生半張的淺黃、淺綠或者綠褐色花朵，有的還帶有紫色斑紋。此時有花無葉，待花謝後不久，葉柄先後露出土面，頂端的葉片也同時成長，至入夏約莫6、7月間，葉子步入成熟階段，此時變成有葉無花，成熟的葉片形狀大致呈六角形，寬度在3.5至5公分之間，葉表顏色為淺綠至灰綠色，且散佈綠色或深綠色條斑，不過有一些個體的葉子全為綠色，不帶任何斑紋。

單花脈葉蘭春天開花而夏秋賞葉，葉子與花莖交替出現是其重要特色，單生的六角形葉子，淺綠底上佈滿宛如八卦般的深綠紋理，既可愛又帶有美感，除了是藥用植物之外，也是美麗的觀葉植物。

全綠葉的單花脈葉蘭。

花蓮和仁海拔350公尺闊葉林坡地生的單花脈葉蘭，暗綠底的葉表上佈銀灰綠色紋路，為本種的典型葉色，此地為採礦場，原本數量成百上千，現已不復存在。

紫花脈葉蘭 *Nervilia plicata* (Andr.) Schltr.

◆ **異名：***Nervilia purpurea*(Hayata)Schltr.

◆ **英名：**Purple Flower Nervilia

◆ **別名：**紫背脈葉蘭、紫背一點癀、一點紅及紅衣草

◆ **植株大小：**莖葉高2~6.5公分，葉片寬4~8公分。

◆ **莖與葉子：**淺根性小型地生蘭，地下塊莖球狀或橢圓狀，徑0.6~2公分，白色或乳白色，葉子單生，葉柄短，1.5~6公分，葉片心臟形，寬4~8公分，葉表淺綠至深綠色，常綴飾淺黃或淡灰黃綠色斑與粗短毛，有的微泛紫紅暈，葉背光滑無毛，帶紫色或淡紫紅色，紙質。

◆ **花期：**春季

◆ **花序及花朵：**花莖自土面抽出，長8~15公分，淺綠色，有的帶紫斑，花莖頂著花，通常為2朵，花長1.7~2.2公分，綠褐色帶紫色脈紋，唇瓣淡紫色，近中脈處帶暗紫色。

◆ **生態環境：**原始闊葉林、雜木林地生，常生於潮濕、遮蔭、富含腐植質的環境。

◆ **分佈範圍：**台灣的中部、西南部及恆春半島零星分佈，產地包括南投集集、高雄美濃、屏東社頂等，生長環境的海拔高度約300~1000公尺。

紫花脈葉蘭一梗雙花（王煉富攝）。

紫花脈葉蘭的花朵大而寬展，唇瓣為紫色，狀極優美（王煉富攝）。

紫花脈葉蘭也稱紫背脈葉蘭，主要是因為多數植株的葉背帶紫色（王煉富攝）。

　　紫花脈葉蘭是小型的地生蘭，植株一球一葉，乳白色的地下塊莖圓滾滾的，上頭長著一枚心臟形葉子，因為葉柄短的關係，葉片多半貼近土面生長，在野地看到了，感覺好像是可愛的心形小毯子隨意地鋪蓋在林床的腐葉坡面上，自然創造的巧思，為人們帶來一陣驚豔與無盡的靈感。

　　紫花脈葉蘭為休眠性的草本植物，冬季地上莖葉枯萎脫落，留下土裡的塊莖過冬。春天來時，塊莖上的芽點感受到溫度的變化而萌發，它先花後葉，淺綠帶紫斑的花莖由土面抽出，長度在8至15公分之間，頂端通常著生2朵花，紫花脈葉蘭不僅葉片具有觀葉性，花朵也相當漂亮，長度約莫2公分，與只有幾公分大小的株身相稱，花朵並不算小，綠、褐、紫三色將全花妝點得嬌豔欲滴，紫花脈葉蘭不愧為台灣的5種脈葉蘭裡花色最美的一種。

　　花謝後，葉芽進入全力成長的階段，葉片約在盛夏時伸展完全，而於入秋時達到成熟階段。與此同時，土裡的新生塊莖也默默地吸收養份與水份，逐漸膨脹壯大，為來年的花開盛事積蓄足夠的能量。當秋末至氣候轉涼變冷的冬天，新的塊莖已完全成熟，地面上那一枚美麗的心形葉完成階段性的任務，走到生命的尾聲，於是逐漸枯黃而萎落。冬季裡，就僅留存地下塊莖在土裡休眠過冬，這就是紫花脈葉蘭一年一輪的生命周期。

　　五月恆春半島熱帶叢林中的紫花脈葉蘭正值花開。

銀線脈葉蘭 *Nervillia* sp.

◆ **植株大小**：4~6公分高

◆ **莖與葉子**：迷你地生蘭，地下塊莖卵球狀或橢圓狀，長1~1.5公分，徑0.6~1公分，近白色，生於莖的基部末端，葉具長柄，柄長2~4公分，頂生單葉，葉片寬扇狀心形，長3~3.7公分，寬3~5公分，葉片上有7至9條縱向主脈，葉表微幅起伏不平整，鮮綠色，滿佈不規則銀白色條紋，葉背淺綠色，紙質。

◆ **花期**：春末至夏初，以6月開花居多。

◆ **花序及花朵**：先開花後長葉，花莖自土裡的地下根莖頂端伸出，長4~6公分，直立，頂生單花，花朵半張垂落狀，花長約2至2.5公分，花裂蘋果綠色，唇瓣白色。

◆ **生態環境**：次生雜木林下腐植土地生，棲生地初春時半透光或近全日照，春末、入夏新葉生出後有地被雜草遮蔭，喜歡溫暖潮濕的環境，在已知的一處生長環境成群密生。

◆ **分佈範圍**：台灣的低海拔雜木林下層分佈，已知產地有屏東牡丹，生長環境的海拔高度約200~300公尺。

銀線脈葉蘭先開花再長出葉子，花朵半張並呈垂落狀。（林松霖繪）

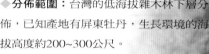

銀線脈葉蘭初開時花朵寬展，本圖攝於屏東四重溪。

銀線脈葉蘭可能是台灣脈葉蘭屬植物的新種或新紀錄種，由於葉片表面密佈銀白色網紋的特徵，為了便於描述，在此非正式地稱它為「銀線脈葉蘭」。這種小型地生蘭是由貝類專家兼賞蘭同好李昭慶先生於2003年春天在恆春半島發現的，當時以為是單花脈葉蘭。2004年春，李氏贈與筆者兩株，當時新芽吐出土面不久，幼葉尚呈卷抱狀，經兩週後，葉片成長展開至約2公分寬，葉質、顏色及紋理已清晰可辨，方才發覺這種脈葉蘭與台灣已知5種脈葉蘭的葉子特徵皆無法完全吻合，因而對其身份產生存疑與好奇。

2004年7月底，在原發現者李氏的引領下，來到銀線脈葉蘭原生地恆春半島的牡丹鄉，此時野地的植株生長已近成熟，寬扇狀心臟形的美麗葉子密集鋪蓋一地，鮮綠色的葉片上滿佈不規則的銀白色條紋，正好顯露出與眾不同的特質。

銀線脈葉蘭的植物體大小及葉形跟古氏脈葉蘭、蘭嶼脈葉蘭及單花脈葉蘭相近，地下根莖的形狀與生長方式則跟古氏脈葉蘭與蘭嶼脈葉蘭相仿，同時，除了古氏脈葉蘭每花莖著花2或3朵以外，其它這3種相近種都是單生花，因此原先認為這種脈葉蘭不無可能是蘭嶼脈葉蘭，可是經比對林業試驗所助理研究員鐘詩文先生所採集栽培的蘭嶼脈葉蘭，顯示兩種的葉柄、葉質、顏色及紋理都呈現出可見的差異性。

銀線脈葉蘭在5、6月開花，先花後葉，開花時無葉，花莖由土裡抽出，頂端著生一朵開口向下姿態呈垂落狀的半張花朵，花裂是蘋果綠色的，而唇瓣為白色，邊緣具流蘇狀裂且呈波浪狀起伏，花姿獨特，花色素雅耐看，同時葉片也有值得品味的觀賞性。

屏東恆春半島原生地的銀線脈葉蘭聚生於一地。

銀線脈葉蘭的頂生單葉，滿佈不規則銀色條紋（林松霖繪）。

東亞脈葉蘭 *Nervilia aragoana* Gaud.

◆ **英名**：Eastern Asia Nervilia

◆ **別名**：脈葉蘭、一點癀

◆ **植株大小**：10~20公分高

◆ **莖與葉子**：淺根性小型地生蘭，地下塊莖圓球狀或圓卵狀，徑2~3公分，白色，生於纖細根莖的末端，葉具長柄，柄長8~18公分，頂生單葉，葉片卵圓形、扇狀心形或寬心臟形，長6~15公分，寬8~20公分，紙質。

◆ **花期**：春季

◆ **花序及花朵**：花莖淺綠色，有的帶紫色條紋，長10~40公分，直立，總狀花序著花5至13朵花，花朵半張，懸垂，花徑2.5~3公分，花裂淺綠或淺黃綠色，唇瓣白色或粉紅色。

◆ **生態環境**：原始闊葉林林下富含腐植土的坡地，喜歡陰濕的環境，在適合的地方常成群茂盛生長。

◆ **分佈範圍**：台灣的低海拔山區下層分佈，已知產地有屏東坍亦山，生長環境的海拔高度約200~300公尺。

　　東亞脈葉蘭有著修長的葉柄，頂端攜著一枚摺扇狀的心形葉，它跟脈葉蘭家族的成員一樣，植株基部生有幾條纖細的地下根莖，根莖末端長有白色球狀地下塊根，這樣的組成便構成了一株完整的個體。

　　在我們寶島上，目前已知的脈葉蘭共有5種，除了本種以外，分別就是古氏脈葉蘭(綠花一點癀)、蘭嶼脈葉蘭、單花脈葉蘭(八卦癀)與紫花脈葉蘭(紅衣草)。東亞脈葉蘭在藥草界被稱為一點癀，與八卦癀、金線蓮等齊名，為名貴的藥用植物。

　　東亞脈葉蘭的生長模式為先花後葉，春天是花期，淺綠帶紫紋的直挺花莖由土面向上抽出，上部攜著10朵左右的淺綠色或淺黃綠色花朵，此時露出地面的就是一支花莖，不過由花的構造，不難看出它是屬於蘭科植物，當花謝後，葉子開始快速成長，由於花與葉不會同時出現，扇狀心形的葉子看起來像一般的草本植物，沒有見過它開花的人，恐怕不會將它與蘭花聯想在一起。

　　東亞脈葉蘭的分佈相當廣泛，除了台灣之外，更廣佈於亞洲的熱帶與亞熱帶地區，包括太平洋洋島嶼如關島、斐濟群島、新幾內亞，乃至澳洲大陸，都是東亞脈葉蘭的分佈勢力範圍。

細葉莪白蘭 *Oberonia falcata* King & Pantling

◆**英名：**Thin-leaved Oberonia

◆**植株大小：**4~10公分長

◆**莖與葉子：**迷你型氣生蘭，植物體扁平叢生，傾斜向下或倒吊生長，葉子二列互生，排列鬆散，5至11枚，葉片線形，基部無關節，長1~3公分，寬0.3~0.4公分，灰綠色，肉質。

◆**花期：**花期不定，主要在春夏之交。

◆**花序及花朵：**花莖自莖末葉腋間向下抽出，長6~10公分，花朵密集排列，花徑約0.2公分，淡橘色至橘紅色。

◆**分佈範圍：**全台灣的低、中海拔山區零星分佈，產地包括台北直潭山、南插天山、桃園四稜溫泉、宜蘭鳳尾山、太平山、明池、花蓮秀林等，生長環境的海拔高度約300~1100公尺。

◆**生態環境：**原始闊葉林、雜木林樹木支幹附生，通常生於通風、半透光同時不是很潮溼的環境。

細葉莪白蘭是懸垂附生在樹上的迷你蘭花，叢生的植株呈扁平狀，二列互生的葉子呈疊抱生長，為莪白蘭屬的共同特徵，細葉莪白蘭也不例外，在台灣產的6種本屬植物當中，除了大莪白蘭比較容易區分之外，其它種類的植株大小及質地均十分雷同，如無長期觀察與比較的經驗，要正確辨別並不容易。

細葉莪白蘭的植株形態與花朵外觀類似阿里山莪白蘭及台灣莪白蘭，在台灣植物誌第二版便將本種併入台灣莪白蘭之中，惟筆者經長期野外觀察，本種葉子稍為細長，排列比較鬆散，花的排列間隔也稍寬鬆些，認為這兩種具有程度上的差異性，因此依從林讚標教授在台灣蘭科植物中的分類方式，視細葉莪白蘭為獨立的種。

細葉莪白蘭花朵近照。

阿里山莪白蘭

Oberonia arisanensis Hayata

◆**英名**：Alishan Oberonia

◆**植株大小**：4~10公分長

◆**莖與葉子**：迷你型氣生蘭，莖長2~7公分，葉子二列互生，生有6至12枚葉，葉片劍形，長2~5公分，寬0.4~0.8公分，灰綠泛橘紅或紅暈，肉質。

◆**花期**：不定期開花，主要在夏季。

◆**花序及花朵**：花莖自莖末葉腋間向下抽出，長5~10公分，密集排列數十朵迷你小花，花徑約0.2公分，橘色、橘紅色或紅色。

◆**生態環境**：原始闊葉林樹木支幹附生，通常生於通風、半透光的環境。

◆**分佈範圍**：分佈在全台灣的低、中海拔山區，產地包括台北新店、烏來、坪林、北插天山、宜蘭雙連埤、花蓮盤石、南投溪頭、鳳凰山、瑞岩溪、嘉義阿里山、台南、屏東高士佛山、南仁山、鹿寮溪等等，生長環境的海拔高度約300~2000公尺。

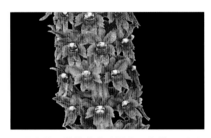

阿里山莪白蘭的花十分細小，約僅0.2公分而已，非得用放大鏡才看得清楚，微距鏡頭所拍的花朵放大照，顯示花裂呈橘色，唇瓣則近乎呈紅色。

阿里山莪白蘭是懸垂附生在樹上的迷你蘭花，狀如劍形的葉子，互生交疊排成兩列，有如一把拉長的扇子，這樣的長相為莪白蘭家族的註冊商標，雖說台灣的6種莪白蘭都是類似的模樣，還好阿里山莪白蘭的莖葉顏色稍有特色，在不開花的時候，藉由植株色澤來判斷，也不失為一可用的辦法。台灣其它4種莪白蘭的植物體都是綠色或黃綠色的，阿里山莪白蘭的植株則偏灰綠色，同時還或深或淺帶點橘紅或紅暈，要認識它算是比較容易的。

阿里山莪白蘭在低海拔與中海拔山林裡都有機會看到，以低海拔闊葉林、雜木林遇到的次數較多，它雖稱不上分佈普遍，不過全台灣南北都有紀錄，只是一地的族群不是很大，多半是零散附生於樹幹上。

莪白蘭的花都非常小，花徑僅0.2至0.3公分而已，有的人笑稱是給螞蟻看的花，阿里山莪白蘭的花也不例外，花徑只有0.2公分上下，如果單獨看一朵花，實在沒有什麼份量，但是如果換一個角度，由整串花序乃至整叢開花株的樣子來欣賞，那麼相信多數人都會覺得阿里山莪白蘭既美豔又別具一格。因為它的花朵是醒目的橘色至紅色，數十至成百的小花密集環繞在花莖上，視覺上感覺好像整支花莖都被染成橘紅色的。阿里山莪白蘭的開花性不錯，一叢中通常有多株抽梗開花，不失為一種小巧美麗的野生蘭。

阿里山莪白蘭的分佈範圍涵蓋廣，南北各地低至中海拔山區零星可見，本圖中的阿里山莪白蘭與大腳筒蘭相伴，附生在宜蘭英士山路旁的樹幹上。

大莪白蘭 *Oberonia gigantea* Fukuyama

◆ **英名**：Giant Oberonia

◆ **別名**：大瓔珞蘭

◆ **植株大小**：12~25公分高

◆ **莖與葉子**：懸垂性氣生蘭，葉二列互生，呈摺扇式排列，生有4至8枚葉，葉片線狀劍形或狹長三角形，長5~22公分，寬0.8~1.5公分，綠色，肉質。

◆ **花期**：秋、冬季，以1至2月居多。

◆ **花序及花朵**：花莖自末端葉間抽出，長15~33公分，垂直向下，密生數十至上百朵迷你小花，花徑0.2~0.35公分，花色橘色、淡黃綠或淡綠。

◆ **生態環境**：原始闊葉樹木枝幹附生，喜潮濕、通風、局部遮蔭的環境。

◆ **分佈範圍**：台灣東半部低海拔山區零星分佈，族群稀少，產地包括台北乾溝、阿玉、宜蘭棲蘭、花蓮和平、秀林、壽豐、林田山等，生長環境的海拔高度約為300~800公尺。

在一般人的印象中，莪白蘭為袖珍小蘭花，通常植株長度在10公分以內，像阿里山莪白蘭、二裂唇莪白蘭、台灣莪白蘭與裂瓣莪白蘭都是如此，台灣的6種莪白蘭裡，只有本種不是小型的，大莪白蘭的株長大概在12至20公分之間，最大的則有25公分之長，葉片比台灣其它4種莪白蘭來得寬厚，儼然是莪白蘭裡的巨無霸，要分辨出來並不困難，只是這種莪白蘭的分佈零星，數量稀少，如果能在山野遇到它，算是相當幸運的了。

大莪白蘭的花期在冬季，而且多半集中在12月、1月綻放，這段期間天冷山荒，野地出遊的興致減弱，因此一直沒有機會目睹其自然開花的景況，所見的花朵都是來自栽培的植株。花莖係由末端葉間向下抽出，最長的可達33公分，上頭密生數十至上百朵迷你小花，花雖小，不過與另外幾種本土的莪白蘭相比，可算是最大的，花色以橘紅居多，也有淡黃綠或淡綠色的個體。

開花時，花序常兩色並陳，因為花苞是淡綠色的，蒴果也是淡綠色的，而花朵通常是橘紅色，當花由花序基部向末端漸次展開，花朵綻放的一段便呈橘紅色，基段結果的部份成淡綠色，而含苞未開的末段花序也是淡綠色的，這樣一段綠一段橘的花序也蠻好看的。

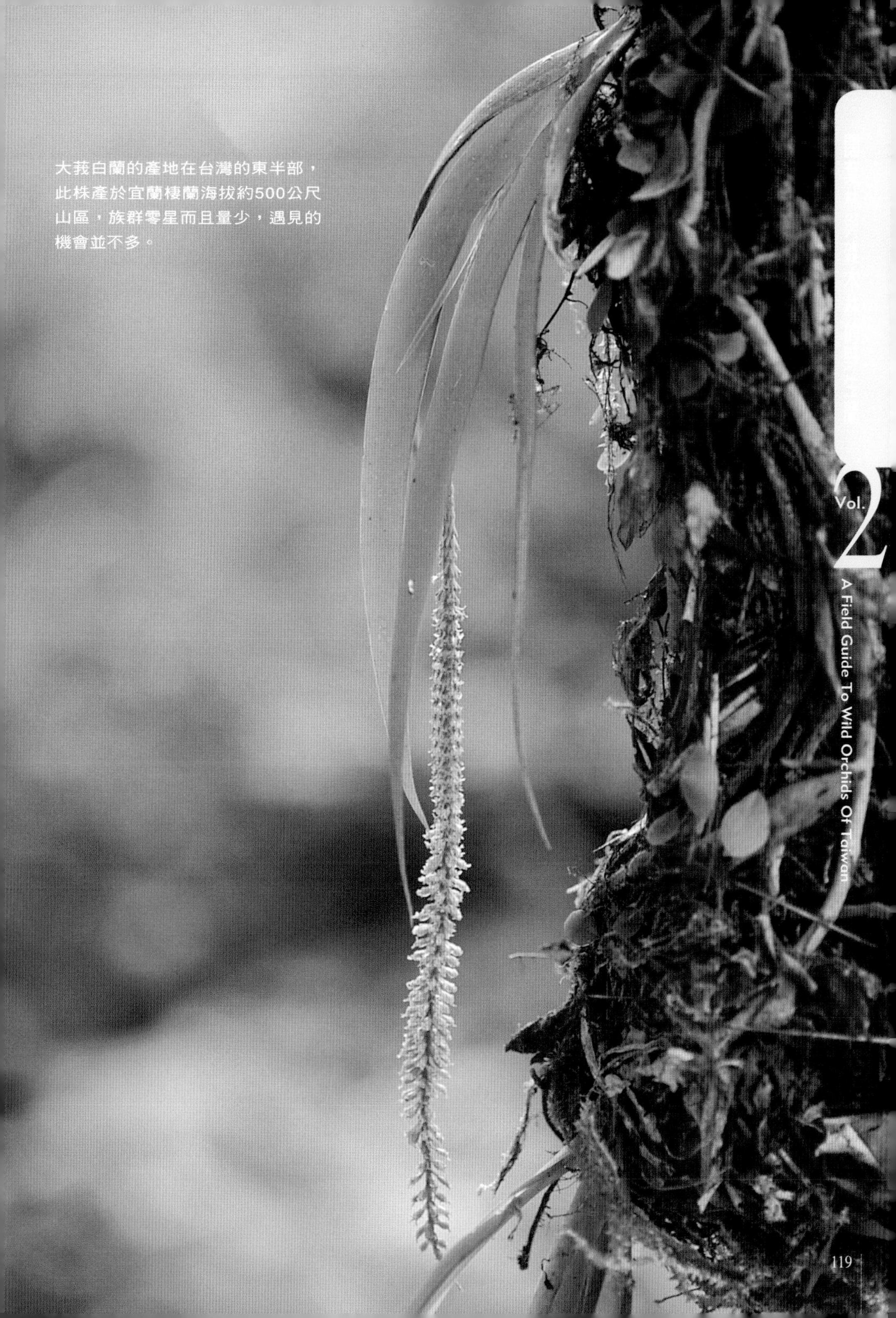

大莪白蘭的產地在台灣的東半部，此株產於宜蘭棲蘭海拔約500公尺山區，族群零星而且量少，遇見的機會並不多。

台灣萬代蘭 *Papilionanthe taiwaniana* (Ying) Ormerod

◆ **異名**：*Vanda taiwaniana* Ying

◆ **英名**：Taiwan Papilionanthe

◆ **植株大小**：20~60公分高

◆ **莖與葉子**：中、大型附生蘭，莖圓柱狀，長15~60公分，徑0.35~0.45公分，有分支，葉互生，與莖幹呈15至25度角，圓柱狀，長5~21公分，徑0.2~0.35公分，綠色。

◆ **花期**：不明

◆ **花序及花朵**：花莖自莖側葉鞘抽出，長1~3公分，著花2朵，花徑4~5公分，白底微泛淺黃，唇瓣淺黃色，密佈縱向暗紅色或暗褐色條紋。

◆ **生態環境**：原始闊葉林附生，生於半透光的環境。

◆ **分佈範圍**：台灣南端恆春半島零星分佈，產量極稀，生長環境的海拔高度約200~600公尺。

台灣萬代蘭這個珍稀蘭種係由應紹舜教授於1989年所發表，藉由應教授的著作『台灣蘭科植物彩色圖誌』第二卷中的分類記載、線描圖及彩色圖示，體驗了台灣萬代蘭之美。

雖然多年來勤跑野外尋找，可是始終無緣在野地一睹芳姿。2005年夏季好運來到，高雄紅龍果蘭園園主鄧雅文女士來電告知有台灣萬代蘭的眉目了。由於颱風過境，恆春半島的森林遭受侵襲，鄧女士於颱風過後巡視山區倒木斷枝時，有幸撿拾到筆者夢寐已久的台灣萬代

蘭，由於她為人大方，贈與筆者數株仍完好附著在殘枝上的植株，筆者方得以有機會親睹其廬山真面目。

根據應教授的描述，台灣萬代蘭屬於中、大型的附生蘭，植株最長可達60公分上下，而鄧女士所得的植株則小得多，株長介在15至20公分，莖末段留有殘花莖，可見已是開花成株，由此可知台灣萬代蘭的植株大小皆有。

台灣萬代蘭的植株外觀與台灣產的金釵蘭屬成員十分相似，也跟本地栽培普遍的外來物種鐵釘蘭（*Vanda teres*）性狀相近，都具備了長圓筒狀的綠色莖及針尖圓柱狀的肉革質綠色葉，乍看之下，不容易分出彼此。不過仔細觀察，台灣萬代蘭的莖基段有的會分支，葉與莖幹的夾角較小，通常呈15至25度，葉的末半段向莖的方向微曲，幾乎與莖幹平行，這是目前由有限的個體中所觀察到的小差異。

台灣萬代蘭屬於萬代蘭屬中的棒葉型種，這類型的萬代蘭含本種在內共有12種，主要產於東南亞及馬來半島，我們所熟知的鐵釘蘭（或稱棒葉萬代蘭）也是屬於這個類型。

德國蘭學家魯道夫‧施萊赫特（F. R. Rudolf Schlechter）於1915年把棒葉型種類由萬代蘭屬中分離出來，創立了蝶花蘭屬（genus *Papilionanthe*）來容納它們，不過當時被接受的程度不高。美國蘭學家萊斯利‧加雷（Leslie A. Garay）於1972年在其著作中引用施萊赫特氏的分類法，棒葉型萬代蘭被歸入

蝶花蘭屬的作法才被廣為接受,因此
鐵釘蘭的學名在爾後的蘭科著作中多
半寫成*Papilionanthe teres*。台灣萬代
蘭也是屬於萬代蘭中的棒葉型種,
2002年澳洲蘭學者保羅‧歐莫偌(
Paul Ormerod)在研究東南亞及台灣
的蘭科植物時,注意到這個情形,於
是作了修訂,把這個種由原先所在的
萬代蘭屬移出,歸入蝶花蘭屬裡,因
此台灣的蘭科植物中又多了一個新記
錄屬。

台灣萬代蘭係台大應紹舜教授於1989年發
表的新種,屬於棒葉萬代蘭屬的成員,植株
似心唇金釵蘭,花朵白色帶紅線條,迄今發
現的數量仍少。(林松霖繪)

寶島芙樂蘭 *Phreatia formosana* Rolfe

◆ **英名**：Formosa Phreatia

◆ **別名**：蓬萊芙樂蘭、蘭嶼芙樂蘭

◆ **植株大小**：7~15公分高

◆ **莖與葉子**：中小型附生蘭，植株不具假球莖，莖不明顯，短而扁平，為交疊的葉鞘所包覆，葉子10枚左右，二列互生，葉片線形，長7~13公分，寬0.8~1公分，綠色或灰綠色，軟革質。

◆ **花期**：夏季，以8月開花居多。

◆ **花序及花朵**：花莖自假球莖基側葉腋間抽出，長10~20公分，著生數10朵細小白花，花徑0.26~0.28公分。

◆ **生態環境**：原始闊葉林樹木枝幹附生，常生於半遮蔭或有透光穿透的環境。

◆ **分佈範圍**：台灣東部、中部、南部及外島蘭嶼均零星分佈，產量稀少，產地包括花蓮萬榮、太魯閣、秀林、南投鹿谷、竹山、高雄藤枝、屏東北大武山、台東蘭嶼等，生長環境的海拔高度約300~1400公尺。

寶島芙樂蘭的植物體具有分明的特色，10枚左右的葉子基部葉鞘密集互生交疊，生長方式類似莪白蘭與小騎士蘭，不過線形葉子的姿態彎曲歪斜，不似莪白蘭與小騎士蘭那樣工整，因此分辨並不困難，只是野地的族群稀少，想要欣賞它的自然風情，恐怕靠運氣的成份居多。

在花蓮壽豐、秀林一帶的低海拔原始闊葉林裡，隱居著若干具有東部特色的野生蘭，如雙花石斛、小雙花石斛、倒垂風蘭、大莪白蘭等，寶島芙樂蘭也在那裡被發現，有的尚且棲身在同一株樹上，它向上或半懸垂地生長在闊葉樹上頭，該區的環境不是很潮濕，附生的地方也不太陰森，能間斷接受穿透林間的漫射光照拂，可見這種蘭花除了喜歡生長於中海拔下層涼爽氣候之外，也頗能適應熱帶低地的環境。

此叢寶島芙樂蘭係由張良如先生在花蓮萬榮鄉山區溪邊樹上發現。

大芙樂蘭 *Phreatia morii* Hayata

◆ **英名**：Large Phreatia

◆ **別名**：森氏芙樂蘭

◆ **植株大小**：10~20公分高

◆ **莖與葉子**：中型附生蘭，根莖不明顯，假球莖密集叢生，球狀或卵球狀，徑1.5~2公分，頂生2枚葉，葉片線狀長橢圓形，長8~18公分，寬1.5~2.5公分，綠色，軟革質。

◆ **花期**：夏季，6月盛開。

◆ **花序及花朵**：花莖自假球莖基部側面斜向上抽出，長20~40公分末端穗狀花序密生數10朵小白花，花徑約0.5公分。

◆ **生態環境**：原始闊葉林樹木枝幹或大石頭上附生，通常生於溪畔潮濕、半透光的環境。

◆ **分佈範圍**：台灣零星分佈，產量有限，產地包括台北烏來、福山、坪林、桃園小烏來、花蓮壽豐、南投竹山、溪頭、台東浸水營、林田山、大武山等，生長環境的海拔高度約為500~1500公尺。

大芙樂蘭的假球莖形狀為球狀或是卵球狀，上頭長著兩枚線狀長橢圓形的葉子，假球莖以及葉子基部常被覆著膜質葉鞘，整個植株的外形與質感有幾分像羊耳蒜的樣子，沒有開花的時候，若是初次看到，可能會以為它是某種羊耳蒜。

這種植物喜歡生長在潮濕的環境，發現的地點多在溪流附近，要欣賞它的野地風采，最好朝溪畔闊葉樹樹幹或是大石頭尋找，不過大芙樂蘭的族群並不繁盛，分佈零散，是否有機會遇到，恐怕要靠機緣或運氣了。

大芙樂蘭的花期主要在6月，花莖自然彎曲呈弓狀，總狀花序著生數十朵象牙白色的小花。

圖中的大芙樂蘭原產於花蓮萬榮鄉，由假球莖基部抽出的花莖已有葉子的長度，預計再一個月餘便會開花。

台灣芙樂蘭 *Phreatia taiwaniana* Fukuyama

◆ **英名**：Taiwan Phreatia

◆ **別名**：白芙樂蘭、小芙樂蘭

◆ **植株大小**：2.5~8公分高

◆ **莖與葉子**：迷你附生蘭，假球莖在根莖上密接至間距0.6公分，扁球狀，徑0.4~0.6公分，生有2枚葉，一大一小，葉片線形至鐮刀狀長橢圓形，長2~8公分，寬0.6~0.85公分，綠色，軟革質。

◆ **花期**：春末至仲夏

◆ **花序及花朵**：花莖自假球莖基部側面彎曲向上抽出長4~8公分，前半段總狀排列4至11朵細小白花，花徑0.3~0.4公分。

◆ **生態環境**：原始闊葉林間溪畔樹木枝幹附生，生於潮濕通風、林蔭遮掩的環境。

◆ **分佈範圍**：台灣零星散佈，發現次數少，產地包括台北坪林、宜蘭雙連埤、棲蘭山、花蓮大里、南投石坑、屏東大漢山、里龍山等，生長環境的海拔高度約為400~1500公尺。

台灣芙樂蘭是不常被注意的迷你附生蘭，由於族群數量稀少，遇過它的不多，而且乍看之下植株的生長習性十分近似小型豆蘭，即使偶爾被發現了，往往因不察而當作是一般豆蘭略過了。

芙樂蘭在全世界約有150種，主要出現在新幾內亞島，當地的種類就有100種之多，在台灣的種類不多，只發現4種，分別是垂莖芙樂蘭、寶島芙樂蘭、大芙樂蘭與台灣芙樂蘭，其中大芙樂蘭與台灣芙樂蘭為台灣特有的蘭科植物。

台灣芙樂蘭為台灣的芙樂蘭裡體型最小的，植株大小不超過8公分高，所以有人就叫它小芙樂蘭，另外它還有一個別名，叫作白芙樂蘭，不過大多數種類的芙樂蘭都開白花，這個名字用來不具有獨特的代表性，似乎並不十分適用。台灣芙樂蘭的植物體大小宛如瘤唇捲瓣蘭，假球莖生在根莖上，彼此間距小，有的緊鄰相接，即使有間隔，間距也不超過0.6公分。在樹木枝幹上久了，往往根莖交疊，莖葉相應，交錯成片，若是不趨近仔細的觀察，看起來實在很像豆蘭。

筆者多年來曾經在書中找到台灣芙樂蘭的資料兩次，不過一直未曾有幸見到實花，2004年5月初，張姓蘭友告訴筆者，他在台北坪林看到一種開細小白花的奇怪「豆蘭」，筆者前往觀看，原來就是台灣芙樂蘭，這是筆者第一次看到盛開中的台灣芙樂蘭。

台灣芙樂蘭的假球莖為扁球狀，頂端生有一大一小近對生的兩枚葉子，仔細觀察莖葉的形態，不難分別出它與台灣產豆蘭的分野。它的花很小，花徑只有0.3到0.4公分而已，大概與羞花蘭差不多大小。

屏東春日鄉海拔1300公尺的台灣芙
樂蘭係附著在倒木的樹枝上。

假囊唇蘭 *Saccolabiopsis* sp.

假囊唇蘭的開花株，總狀
花序上整齊排列著淡綠色
小花。（林松霖繪）

◆ **植株大小：**3~6公分寬

◆ **莖與葉子：**迷你氣生蘭，莖短，二列
互生有3至8枚葉，葉片微向內歪斜之長
橢圓狀披針形，長2.2~5公分，寬
0.6~1.2公分，綠色，軟革質。

◆ **花期：**春季，4月盛開。

◆ **花序及花朵：**花莖由莖側面葉腋間抽
出，基段平行，末段彎曲向下，長3~7公
分，綠色，中段粗，徑約0.2公分，兩端
漸細，窄處徑約0.1公分，總狀花序間隔
整齊排列10至35朵細小花朵，花朵寬展
，花徑0.25~0.35公分，花裂呈微帶透明
的淡綠色，唇瓣心臟形，呈微帶透明的
白色。

◆ **生態環境：**原始闊葉林樹木上層枝條
附生。

枝條上的假囊唇蘭蒴果變黃，已臻成熟，
有幾顆裂開，種子就噴灑在葉背表面。

◆ **分佈範圍：**目前已知的產地在宜蘭，
生長環境的海拔高度約300公尺。

提及與假囊唇蘭這一台灣新紀錄屬中之新種的因緣際會，得追溯至2002年的春季4月間，當時在台北建國花市螢橋蘭園的攤位，初次遇到這種未曾見過的蘭花。呂氏父子攤位陳列的種類，以國內外原生蘭種為主，在眾多種類當中，之所以會特別注意到它，主要是因為當時正值花開，這株長得既像香蘭也像溪頭風蘭般的迷你植株，花莖上著生一串螞蟻般的超小白綠花，在本土的野生蘭種類裡，實在想不出任何跟它相近的種類，原本自忖它可能是不經意夾雜在進口蘭株中的外來偷渡客，可是一問之下，主人卻回答是台灣原生種，並說原先訂的貨是香蘭，結果卻開出如此不起眼的小花，頗有所得實非所願之憾，當時帶著疑惑離開，但並未深究。

2004年4月拜訪螢橋蘭園的蘭房，再度與正值盛開的不明迷你氣生蘭不期而遇，一段小蛇木柱上的3株是老板僅存的樣本，這次在強烈好奇心的驅使下，向呂老闆問明出處，老闆不敢確定，但說可能原生於宜蘭山區。為了驗證這種蘭花是否真為台灣原生種，並進一步瞭解它的生態習性，於是敦請呂老前輩拜託原採集者為我取得附在枝條自然生長的樣本。5月底，呂氏將附著在枝條且花莖上結有蒴果的新採集樣本相贈，筆者得以更進一步確認並探索這一尚未被登錄的台灣野生蘭。

2005年4月，這種新蘭種的花期來臨，經與呂老闆商量，為了學術研究的需要，有必要知道它的確實產地及生態習性，呂

老闆於是又聯絡原採集者，並答應帶筆者到原生地一探，於是在6月筆者與劉鴻文好友在原採集者的引領下，來到這種新蘭種的原生地，終於親眼目睹了它的存在。假囊唇蘭的植物體大小與香蘭、溪頭風蘭及新竹風蘭相近，就莖葉的質地與形狀來講，則與溪頭風蘭或是幼株的倒吊蘭(黃吊蘭)比較接近，花期也與上述種類雷同，都是在春天開花。不過若單獨鎖定花莖來觀察，分明的差異便顯現出來，綠色的花莖中段粗，兩端細，最粗的部位徑約0.2公分，最細的部位徑約0.1公分，粗細相差逾倍，同時除了花莖基部約四分之一段外，總狀排列著10至35朵白綠色細小花朵，花徑在0.25至0.35公分之間，跟羞花蘭所開的細小白花大小相當，不過本種的花莖不分支，花朵寬展近全開，而羞花蘭的花莖有的會分支，花朵呈半開狀。

假囊唇蘭的花期主要在4月，此蛇木板上的多數植株已於4月底同時開花。

大扁根蜘蛛蘭 *Taeniophullum radiatum* J. J. Smith

◆ **植株大小**：3~10公分長

◆ **莖與葉子**：迷你氣生蘭，植物體不具莖與葉，根系發達，由中心點向四面八方輻射伸展，根寬而扁有的邊緣凸起，中央微凹陷，暗綠色，帶光澤。

◆ **花期**：春末至夏季

◆ **花序及花朵**：花莖由中心點側面斜向上抽出，纖細，具韌性，近挺直或微弧狀姿態，長4~6公分，末段著花4至5朵，每回開1至2朵，花長約0.4公分，淡綠色，花朵基段呈筒狀，花裂末段半展開狀，開口小。

◆ **生態環境**：闊葉林樹木枝幹附生，喜歡半透光、空氣溼度高的環境。

◆ **分佈範圍**：台灣低海拔零星分佈，產地包括台北烏來紅河谷、內洞、三峽熊空、桃園小烏來、花蓮萬榮，分佈的海拔高度約為160~500公尺。

多年前在台中國光花市蘭界老前輩何富順氏的攤位看到幾株貼附在枯枝上的蜘蛛蘭，枝條上掛的標籤寫著扁根蜘蛛蘭（即扁蜘蛛蘭），因為植株比所見過的扁蜘蛛蘭都大些，根長且特別寬扁，而且有的根條中央部位向下凹陷，暗綠色又帶光澤，感覺與一般的扁蜘蛛蘭不太一樣，所以特別注意觀察，由於當時未見開花狀況，於是就姑且當它是扁蜘蛛蘭的特殊個體。

此種蜘蛛蘭的體型大，根寬而扁，開花習性不同於扁蜘蛛蘭，纖細的花莖近直立，花著生於花莖末端。

2004年6月，蘭友張良如先生在台北烏來紅河谷溪邊樹木枝條採集到一種蜘蛛蘭，他把它當作扁蜘蛛蘭分別贈予我等好友栽培，其植株形態就跟幾年前在何氏攤位所見的一模一樣。當時有的單一植株上就有十餘支前一年開過的枯黃舊花莖，以及多支當年開花後結了蒴果的綠色花莖，它的蒴果明顯較一般的扁蜘蛛蘭長些，花莖雖纖細如針線，卻頗具韌度，沒有因攜著蒴果而下垂呈懸垂狀，僅是末半段彎曲呈

弓狀，其花莖長4~6公分，花朵係開在花莖末段，開花習性跟一般的扁蜘蛛蘭顯然有別。

2005年7月張先生種了一年的植株開花了，淡綠色的長形花朵近似一般的扁蜘蛛蘭。由於這種蜘蛛蘭的根系、花莖、開花習性與花朵姿態與一般的扁蜘蛛蘭有不可忽視的差異性，到底是扁蜘蛛蘭的特殊個體，還是不一樣的種，一時難以驟下斷言。後來經李昭慶蘭友的提示，於英國學者康伯氏（J. B. Comber）所著的『爪哇蘭花』（Orchids of Java）一書中看到一種描述為印尼爪哇特有種的蜘蛛蘭（*Taeniophullum radiatum*），其植物體、花莖及著花習性跟大扁根蜘蛛蘭一致，因此筆者在此暫時將本種歸於*Taeniophullum radiatum*之中。為了便於區分，在此非正式的稱它為大扁根蜘蛛蘭。至於正式的分類認定，有待專家學者的確認。

大扁根蜘蛛蘭在台灣的海拔分佈頗低，在台北烏來紅河谷，係貼附於海拔160公尺的溪邊闊葉樹枝椏上；在台北烏來內洞，則貼附於海拔約200公尺的闊葉樹枝條；在台北三峽熊空，為附著於海拔約500公尺的溪澗附近闊葉樹枝條；在桃園小烏來，乃附生在溪畔樹木枝條上頭；而在花蓮萬榮一地，它是附著於海拔約350公尺的溪邊闊葉樹枝條。目前所知，生育地的海拔高度不超過500公尺。

此株大扁根蜘蛛蘭發現於台北烏來海拔約300公尺處，攀附在細枝條上，花莖末端所結的蒴果明顯較扁蜘蛛蘭為大。

貼附枝條的大扁根蜘蛛蘭殘留成束的舊花莖。

鉤唇風蘭 *Thrixspermum annamense* (Guill.) Garay

◆ **異名：**

Thrixspermum devolium T. P. Lin & C. C. Hsu

◆ **別名：**白毛風蘭

◆ **植株大小：**3~5公分長

◆ **莖與葉子：**迷你附生蘭，莖短於1公分，為疊抱葉鞘所包覆，葉子二列互生，葉片姿態直立或微彎，線狀披針形，長3~5公分，寬0.8~1.3公分，綠色帶紫暈硬革質。

◆ **花期：**春季

◆ **花序及花朵：**花莖由莖基部抽出，長6~9公分，筆直，末端著花數朵，每次綻放1至2朵，非翻轉花，姿態寬展，花徑1~1.2公分，大部分呈白色，唇瓣帶黃色及紅褐色。

◆ **生態環境：**闊葉林樹木枝條附生，通常生於通風、半透光的環境。

◆ **分佈範圍：**台灣中部零星散佈，產地包括南投蓮華池，生長環境的海拔高度約為600~750公尺。

鉤唇風蘭的開花株，明顯可見所開的為非翻轉花（王煉富攝）。

當初知道台灣有鉤唇風蘭，係在林讚標教授所著作的台灣蘭科植物第一冊裡讀到，後來也曾聽聞野生蘭名家何富順前輩談論過，可是十多年來始終無緣親身接觸，總覺得鉤唇風蘭是一種很神秘的物種。

2006年春天，在好友王松金與王煉富父子的蘭房首次看到鉤唇風蘭的實體，王氏告知該株係自何富順先生處獲得。第一眼印象覺得這種風蘭跟異色風蘭（也稱異色瓣）的模樣很像，接著詳細觀察，才看出它的葉片寬短厚實，葉基明顯窄縮成柄狀，與葉鞘相接處有節，由這些特徵方才釐清兩者可以辨別的比較基礎。

鉤唇風蘭跟金唇風蘭及異色風蘭一樣開的是非翻轉花，也就是花朵不轉位，唇瓣在上位。同時，它們都有續花性的開花特性，每一花莖每回綻放1至2朵花，一波開完，相隔幾日至一週，另一波花朵又起，雖然一朵花壽命不足一天，不過花莖上的花苞全部開完，往往超過一個月。

鉤唇風蘭的花色以白色為主，花瓣及萼片呈白色，唇瓣帶黃色及紅褐色，中裂前緣裂口兩側各有一撮白毛，因此在台灣植物誌第二版中以白毛風蘭稱呼之，為本種的主要辨認特徵，也是它與異色風蘭的主要差異所在。

鉤唇風蘭的花朵不轉位，唇瓣位在上方，呈淺囊狀（圖中向上突起的部位為囊尖），開口朝下，中裂前緣裂口兩側各生一撮白毛，此為本種的主要辨認特徵（王煉富攝）。

這株鉤唇風蘭所開的花朵花裂為乳白色（王煉富攝）。

倒垂風蘭 *Thrixspermum pensile* Schltr.

◆**異名：**

Thrixspermum pendulicaule (Hayata) Schltr.

◆**英名：**Pendulous Swing Orchid

◆**別名：**吊蛾蘭、懸垂風鈴蘭

◆**植株大小：**30~140公分長

◆**莖與葉子：**倒垂型附生蘭，莖軟而扁平，長20~130公分，寬0.4·0.8公分，為疊抱葉鞘所包覆，葉子二列互生，葉片長橢圓形，向內對摺呈近U字形，長4~10.5公分，寬2~4公分，綠色至暗綠色，軟革質。

◆**花期：**花期不定，夏季少見開花。

◆**花序及花朵：**花莖自莖節葉腋斜向下抽出，長約2公分，筆直，基部細而末段粗，末端密生3至6朵花，花朵半張，花徑1.2~1.4公分，白底，有的微泛淺黃或淺綠色，唇瓣帶橘黃斑。

◆**生態環境：**原始闊葉林大樹附生，通常生於溫暖、通風、遮蔭或半透光的環境。

◆**分佈範圍：**台灣東部、南部零星散佈，產地包括花蓮秀林、壽豐、嘉義中埔、高雄六龜、屏東南仁山、台東大武等地，生長環境的海拔高度約為200~1500公尺。

在台灣產的12種風蘭裡面，其中10種是迷你型的蘭花，植株很少超過10公分，要說是大型的，就屬倒垂風蘭與厚葉風蘭兩種，它們可以長到非常大，陳年老株植物體的長度可以超過100公分。

這兩種大型風蘭的生長方式很不一樣，係以倒吊的方式附著在大樹的枝幹上，其中倒垂風蘭的習性尤其特別，不僅莖部筆直朝下生長，就連葉片也是面向下方，這樣的情形在台灣蘭科植物裡是獨一無二的。台灣的倒垂型蘭種不只上述兩種風蘭，例如新竹石斛、長距石斛、樹絨蘭等都是如此，這些懸垂或倒吊種類的莖雖然向下生長，不過葉片總是向前或向上朝著光線強的方向。為何倒垂風蘭的葉面會朝下方？何以不依循一般植物向光的特性？如此一來不僅減少了葉片的受光面，也降低光合作用的效率，但是倒垂風蘭的植株卻可以長到一公尺以上，它的生理機制是到底是如何運作的？實在是足堪玩味探討的課題。

倒垂風蘭過去多在台灣南部的低海拔及中海拔下層山區才有發現紀錄的，近年在東部也陸續被發現，這種植物多數生長在僅存有限的原始闊葉林，喜歡附生在大樹橫向的高枝上頭，以接受溫暖潮溼空氣的滋潤，隨風輕撫擺蕩，它不耐強光長時間的照射，附生的地方多半有適度遮蔭，不過有的也會在透光漫射的位置生長。

倒垂風蘭的花朵壽命短暫，清晨花開，午後便閉合，花開時間只有半天左右，要賞花非得密切注意才有機會遇到。倒垂風蘭的花呈半張狀，全花大抵為白色，有的花裂微泛淺黃色或淺綠色，唇瓣則點綴少許橘黃斑。線狀的長形蒴果，有一點彎曲幅度。成熟的果實可達到12公分長。

倒垂風蘭的生長習性與眾不同，喜歡倒吊附生在大樹樹冠層橫枝，連葉子也是面朝下而生，此一特徵是本地其它蘭科植物所沒有的。（王煉富攝）

倒垂風蘭常不定期開花，可是要看到花並不容易，花朵壽命不到半日，清晨綻放，午後即謝，有的甚且尚未完全展開，便自花授粉而閉合（王煉富攝）。

仙茅摺唇蘭 *Tropidia curculigoides* Lindl.

◆ **別名**：仙茅竹莖蘭

◆ **植株大小**：40~75公分高

◆ **莖與葉子**：大型地生蘭，莖細長強韌，直立，多分支，長35~70公分，葉片披針狀長橢圓形，長15~25公分，寬3~4公分，暗綠色，紙質。

◆ **花期**：夏季

◆ **花序及花朵**：花莖由莖頂抽出或近莖頂側生，短而不明顯，10餘朵花密生呈頭狀，非翻轉花，花長1.2~1.5公分，花徑約0.8公分，白色，微泛綠暈，有的偏黃。

◆ **生態環境**：低海拔溼熱雜木林半透光的林床地生，根系與根莖深入土內，牢牢固定著。

◆ **分佈範圍**：台灣低海拔零散分佈，產地包括台北平溪、烏來、坪林、新竹獅頭山、屏東牡丹、台東嶹卡等地，生長環境的海拔高度約為200~600公尺。

仙茅摺唇蘭的株身高瘦，一般有55至70公分高，莖的外觀有如細竹枝，所以在臺灣維管束植物簡誌第伍卷林讚標教授所著有關蘭科的章節，稱它為仙茅竹莖蘭，在野外實際看到的自然生長樣貌，的確有幾分竹莖的味道。因此若不特別留意，容易把它當作細竹桿或是茅桿而忽略了。

仙茅摺唇蘭生長的環境多半貧瘠，伴生的蘭科種類很少，往往與稀疏灌木茅草混生，土壤不外是黏質或硬的壤土，混合不少比例的碎石，加以它的根系強韌發達，有如竹根般深入土壤內層，植株很牢固的佇立著，想要撼動它，非得費一番力氣才行。

可是它的莖葉並不常綠，秋冬季節在野地所見的植物體多半枯槁不振，局部莖幹乾萎，葉子也枯萎掉落得差不多了，原本以為是植株行將枯死，然而經過幾次不同季節的觀察，方才了解實情不盡然如此。這種植物每年春天會有少數新芽由主莖旁的土面冒出，同時主莖中段以上會生出許多分支，分支上著葉3至5枚。夏季花期時，含苞的短花莖就由有葉的分支末端或近莖頂側面抽出，花朵接續著開，每回多半只綻放一朵，花朵壽命約2日。經過個把月花期結束後，再經過一段時間，天氣開始轉涼時，莖葉狀況便開始惡化，到了冬天便呈枯萎狀而進入休眠，這也許是為了適應惡劣環境，而演化成如此這般的生命週期吧！

仙茅摺唇蘭的花莖短，一團花就擠在莖側葉腋或近莖頂葉間。

仙茅摺唇蘭的植株高可及70
公分，莖會分支，莖葉生長
方向不一，顯得頗為零亂。

相馬氏摺唇蘭 *Tropidia somai Hayata*

◆**異名**：*Tropidia angulosa auct. mon* (Lindl.) Blume

◆**別名**：矮摺唇蘭、東亞摺唇蘭

◆**植株大小**：8~17公分高

◆**莖與葉子**：小型地生蘭，根系潛入土內頗深，莖細而強韌，長7~15公分，有的由基段形成1或2分支，每一分支頂端生一枚水平伸展的葉子，葉片心臟形、卵形或卵狀披針形，長6~12公分，寬3~8公分，暗綠色，紙質。

◆**花期**：夏季，以7、8月開花居多。

◆**花序及花朵**：花莖由莖頂抽出，直立，長4~8公分，密生10至20朵小花，花朵半張，花徑0.6~0.8公分，花長1~1.2公分，白色，唇瓣上有一橘紅塊斑，非翻轉花。

◆**生態環境**：原始闊葉林、雜木林陰濕或半透光的林床地生，常成群散佈於腐質壤土地，根系與根莖穿入土裡牢牢固定著看似柔弱的地上莖葉。

◆**分佈範圍**：分佈於台灣低海拔山區，產地包括台北士林、深坑、鹿寮溪、烏來、新竹尖石、花蓮觀音、龍澗、南投溪頭、信義、太極峽谷、鳳凰、高雄萬山、屏東老佛山、恆春、墾丁、南仁山、鵝鑾鼻、台東知本等地，生長環境的海拔高度約為100~600公尺。

相馬式摺唇蘭是一種小型的地生蘭，株高通常不足20公分，在台灣現有的3種摺唇蘭中，它是屬於較矮小的一種，因此在林讚標教授所著台灣維管束植物簡誌第伍卷有關蘭科的章節，把它稱作矮摺唇蘭，可謂貼切表達了這種植物的植株性狀。

相馬式摺唇蘭的生命力相當強韌，可別以為它莖部細細的，質地可是類似竹子那般有韌性，根系也同樣強韌，可深入土中，抓土十分牢固，想要把它從土中拔起，可不是件容易的事。它的莖葉長法有別出

新竹尖石海拔250公尺陰濕闊葉林裡的大群相馬氏摺唇蘭於8月盛開，起起落落的串串白花，有如陰暗林間的明燈。

心裁的地方，由多節組成的莖有的單生，
莖頂著生一枚心臟形的暗綠色紙質葉，有
的由基段分生，每一分支莖頂部各著生一
枚葉，這樣的情形十分類似木斛的長法。

　　相馬式摺唇蘭在夏天開花，尤以7月及8
月開花居多，由於它喜歡生長在暗處，較
不常被注意到。它的花莖由莖頂直立抽出
，上面密生10至20朵小花，花徑不足1公
分，花長則有1公分或稍長些，由基部開
起，每回綻開1至3朵，整支花莖花朵全
部開完，約需一個月左右。其實它的花朵
相貌清秀，白色的花裂邊緣微帶透明，同
樣也是白色的唇瓣上點綴一橘紅塊斑，因
為是非翻轉花（花不轉位）的緣故，唇瓣
在上位，看來頗有特色。

具心臟形葉的相馬氏摺唇蘭葉基處抽出
一串白花。

蒴果成串的相馬氏摺唇蘭。

紅頭蘭 *Tuberolabium kotoense* Yamamoto

◆**英名**：Botel Tobago Orchid

◆**別名**：管唇蘭或蘭嶼囊唇蘭

◆**植株大小**：15~27公分寬

◆**莖與葉子**：莖短而直立，葉子密集二列互生，葉橢圓形、長橢圓形或線狀長橢圓形，長7~16公分，寬1~4公分，灰綠色，革質，質地厚硬。

◆**花期**：秋末至冬季

◆**花序及花朵**：花莖自莖側葉腋間抽出，呈弓狀彎曲下垂，長10~15公分，總狀花序著花20至50朵，密集排列，花徑0.4~0.5公分，白色，唇瓣帶紫斑。

◆**生態環境**：熱帶叢林內榕樹枝幹附生，喜歡溫潮且有散射光的環境，

◆**分佈範圍**：台灣僅產於外島蘭嶼，零星散佈，生長環境的海拔高度約為200~400公尺。

紅頭蘭產於蘭嶼島上的熱帶叢林裡，為蘭嶼的特有植物，也是台灣的特有蘭種，在當地森林裡曾經保留著穩定繁衍的族群，無奈由於植株近似蝴蝶蘭，擁有討人喜愛的革質厚葉，以及白皙帶紫斑的果香花穗，經過人們長期採集蒐羅，野生的紅頭蘭植株在蘭嶼的原生地急劇萎縮。筆者於2004年初夏前往蘭嶼賞蘭，有幸親睹紅頭蘭附生在密林樹幹上的優雅姿態，其根系旺盛肥美，沿著附著的樹幹蜿蜒外伸，最長的根系近一公尺長，眼見它在野地生長的如此自在，何忍將它佔為己有！

對於喜歡栽培原生蘭的趣味者來說，這種蘭花大家並不陌生，由於開花性良好，花色素雅耐看，花朵壽命夠長，又帶有宜人的杏仁香味，栽培難度也不太高，很早就有人看出它的觀賞潛力，利用無菌播種技術大量繁殖，如今在市面上所見的紅頭蘭，就是人工繁殖的成品。每年秋季至初冬的開花期間，紅頭蘭便以單株盆栽或多株成排板栽的方式，出現在各地的花市裡，想要擁有它的人，可要特別記得每年上市的季節。

蘭嶼過去又稱紅頭嶼，紅頭蘭這個名稱係指其產地而來的。紅頭蘭在分類上隸屬於管唇蘭屬，這個家族的種類不多，大概有10種，分佈於東南亞、澳洲、太平洋群島，台灣及印度東北為該群分佈的北界，台灣就只有紅頭蘭一種。菲律賓也有一種管唇蘭屬的植物，其植株與花朵都跟紅頭蘭十分相似，差別只在後者的花較大，花色略微帶黃，呈白黃色，這種菲國的管唇蘭會不定期進口，偶爾在花市也看得到。

盛開的紅頭蘭不時散發陣陣杏仁香。（梁維聰栽培）

二尾蘭 *Vrydagzynea nuda* Blume

◆ 異名：*Vrydagzynea formosana* Hayata

◆ 英名：Bifid Tail Orchid

◆ 植株大小：8~18公分高

◆ 莖與葉子：小型地生蘭，莖細長圓柱狀，基段匍匐於地表，末段直立向上，直立部份上半段輪生5、6枚葉子，葉片卵形，長2~4公分，寬1.5~2公分，綠色，不帶明顯光澤，紙質。

◆ 花期：春季，4月中旬至5月中旬。

◆ 花序及花朵：花莖自莖頂葉間向上抽出，直立，長4~8公分，總狀花序聚生5、6朵小花，花長0.6~0.8公分，花朵近閉，基半部綠色，前半部初開白色，而後轉為淺黃。

◆ 生態環境：闊葉林下陰溼地，多出現在溪岸附近。

◆ 分佈範圍：台灣北部低海拔山區的溪岸，尤以台北縣有零星散佈，南投有一次紀錄，發現次數極少，產地包括台北烏來、坪林、阿玉山、南投內茅埔等地。

二尾蘭是莖葉特徵不突出的小地生蘭，外觀宛如普通的斑葉蘭，雖然明知有這樣的種類存在，可是因為在野外無法由植株直接判斷，一直沒能確認見過。2004年5月中旬幸運的日子來了，一回台北坪林賞蘭，前往一處溪畔目的地的途中，在離溪流不遠雜木林間的小徑旁，看見一斑葉蘭類植物的小族群，有幾株莖頂葉間上方還開著花，俯身細究花朵，方才恍然驚覺原來那就是二尾蘭。

二尾蘭歷年來被記錄到的次數相當少，而且幾乎都集中在台北烏來、坪林一帶。文獻上記載的地點為台北阿玉山、烏來、坪林碧湖，在南投也有一次的發現紀錄。筆者發現的地點位在坪林平堵附近，與坪林碧湖的原發現點有地緣關係，究竟北宜公路坪林段沿線是否有著更為寬廣的分佈，有待進一步的觀察來證明。至於在主產地的烏來，主要的出現地點是在桶后溪孝義一帶，這裡的二尾蘭也是長在溪邊。

二尾蘭的花期在4月中旬至5月中旬之間，一年當中只有一個月左右的時間有機會觀察到花。花朵的壽命不長，由成熟微張至變色萎縮，大致維持兩三天，加上出現地點少，一地的族群數量不多，又長得一副普通的模樣，能遇見它一次就算是非常幸運了。

在台北坪林平堵海拔400公尺林下枯葉堆間的二尾蘭正值花開。

白花線柱蘭 *Zeuxine affinis* (Ridl.) Benth. ex Hk. f., Fl. Brit.

白花線柱蘭的花朵白皙，唇瓣中裂由管狀花朵中伸出，分開成兩卵狀裂片。

◆異名：*Zeuxine parvifolia*(Ridl.)Seidenf.

◆英名：White-flowered Zeuxine

◆植株大小：7~20公分高

◆莖與葉子：根莖匍匐於土面，前段挺立則為莖，高7~20公分，輪生5至8枚葉，葉片卵狀披針形，長3~5公分，寬1~1.5公分，淺綠色，有的帶淡褐色，紙質。

◆花期：春季，2月底至4月初開花居多

◆花序及花朵：花莖自莖頂葉間抽出，長10~20公分，直立，著花8至15朵，花朵寬管狀，開口小，綠褐色，前端帶白色，白色唇瓣中裂呈二裂狀，由開口伸出，花長0.6~0.7公分，花徑0.5~0.6公分。

◆生態環境：原始闊葉林內陰濕林床地生。

◆分佈範圍：台灣南端恆春半島及外島蘭嶼零星分佈，產地包括屏東南仁山及台東外海蘭嶼島，生長環境的海拔高度為100至300公尺。

2004年初春，在一回蘭嶼的生態旅遊中，於大森山熱帶叢林的陰濕林床巧遇白花線柱蘭正值花開，雖說它的花朵唇瓣中裂為白皙的醒目色澤，可是因為花朵實在不大，要在萬物滋生的絢爛叢林間鎖定它，可不是一件容易的事，若不是撞見一叢大芋蘭，剛好停下腳步架上相機拍攝，方才發現其週遭竟有一小族群的白花線柱蘭零星地開著花，這就是與這種小型地生蘭的第一次相遇，也是目前為止唯一的一次。

白花線柱蘭跟阿里山線柱蘭及毛鞘線柱蘭的花朵皆有幾分相似，需要觀察植株的性狀及花的細部構造才能分出彼此。還好，白花線柱蘭與後兩種的產地有所區隔，產地是一項可供參考的分辨指標。

蘭嶼大森山的叢林地表腐葉層自生的白花線柱蘭於4月仍有零星花開。

台灣線柱蘭 *Zeuxine nervosa* (Wall. ex Lindl.) Benth. ex Clark

◆ **異名**：*Zeuxine formosana* Rolfe

Heterozeuxine nervosa (Wall. ex Lindl.) Hashimoto

◆ **英名**：Taiwan Zeuxine

◆ **別名**：芳線柱蘭

◆ **植株大小**：7~20公分高

◆ **莖與葉子**：根莖匍匐於土面，前段挺立的莖高7~20公分，輪生3至6枚葉，葉片長卵形或卵狀橢圓形，長4~6公分，寬2~3公分，綠色或灰綠色，多數中肋具白色帶，紙質。

◆ **花期**：冬末至春季

◆ **花序及花朵**：花莖自莖頂葉間抽出，長10~30公分，直立或微彎，著花3至20朵，花朵半張，花徑1~1.2公分，紅褐、黃褐或綠褐色，唇瓣米白色。

◆ **生態環境**：原始闊葉林、雜木林地生，常生長於半透光的潮濕地、坡地或溪畔陰濕地。

◆ **分佈範圍**：分佈在台灣低海拔山區，產地包括台北陽明山、南港山、木柵、新店、烏來、平溪、宜蘭南澳、花蓮山崎、瑞穗溫泉、南投雙冬、嘉義三角南山、高雄多納、屏東壽卡、里龍山、老佛山、墾丁、南仁山、牡丹、九棚、台東知本等地，生長環境的海拔高度約為50~500公尺。

台灣線柱蘭的分佈廣泛，由北到南都可以發現，尤以北部、東南部及恆春半島比較容易看到。這種小型的地生蘭喜愛生長在潮濕林地，想要看到它，往山澗及野溪兩岸一帶找，比較有機會遇到。

台灣線柱蘭的植株高度通常在10公分上下，最大的個體很少超過20公分高。灰綠色的長卵形葉片中肋有一白帶是它的辨認特徵之一，不過並不是所有的植株葉片都帶白肋，有些個體的葉片是全綠色的或是全灰綠色的。

台灣線柱蘭雖然個子不是特別高，花莖可不矮，其長度可達30公分，因此有時可見開花株高至40公分。每一花莖的著花多寡不一，少則幾朵，最多的有20朵左右。花裂有紅褐色的，也有黃綠色的，唇瓣則是白色的，最為鮮明的是呈二裂狀的中裂，而這也是線柱蘭共有的特色。台灣線柱蘭的花朵芳香，所以也被稱為芳線柱蘭。

這株台灣線柱蘭的花裂呈褐色，花苞密集排列在花莖上段，花朵由花序基部漸次開起。

花裂呈橘色的台灣線柱蘭芳香隨著微風傳來。

葉紋優美的台灣線柱蘭（王煒富攝）。

3月中旬花期展開不久的台灣線柱蘭，
葉面中央具典型的白色中肋。

裂唇線柱蘭 *Zeuxine tabiyahanensis* (Hayata) Hayata

◆ **異名**：*Zeuxine nemorosa* (Fukuy.) T. P. Lin

◆ **別名**：東部線柱蘭

◆ **植株大小**：5~12公分高

◆ **莖與莖子**：以附生為主要的生長方式，根莖圓柱狀，莖肉質綠色，帶光澤，4至6枚葉呈輪狀排列，葉片長橢圓形，長5.5~7公分，寬2~3.5公分，葉表淡綠至綠色，脈紋色淺，葉背帶光澤之灰綠色，紙質。

◆ **花期**：春季，以4月開花居多。

◆ **花序及花朵**：花莖自莖頂葉間抽出，長10~15公分，直立，末段略微彎曲，著花3至10朵，花朵寬管狀，白底帶粉肉色，白色唇瓣中裂呈羽狀二裂，花長1~1.2公分，花徑0.5~0.7公分。

◆ **生態環境**：原始闊葉林內附生，喜生於苔蘚滋生的陰濕樹幹上。

◆ **分佈範圍**：台灣零星分佈，稀少罕見，產地包括台北阿玉山、嘉義阿里山、台南甲仙、台東林田山、浸水營、新港山、屏東老佛山等，生長環境的海拔高度約400至1000公尺。

　　沒有開花的時候，裂唇線柱蘭的外觀平凡無奇，實在看不出有什麼特別的地方，可以讓人一眼就認出它來，不過話又說回來，這種地生的小草本植物倒是挺像低海拔陰濕林裡成群聚生的毛苞斑葉蘭，而且裂唇線柱蘭長得簡直就像是毛苞斑葉蘭的幼株一般。不過它多半附生在樹幹上或倒木上頭，這種附生的生長方式，在斑葉蘭類植物當中並不算多，已知有附生習性的種類，僅有雙板斑葉蘭、銀線蓮、垂葉斑葉蘭，這幾種斑葉蘭的莖葉可以明顯跟裂唇線柱蘭加以區分，此外，毛苞斑葉蘭是地生性的品種，因此我們可以綜合植株性狀與生長方式，來作為判斷裂唇線柱蘭的依據。

　　裂唇線柱蘭在春天開花，自莖頂葉間抽出的花莖長度在10到15公分之間，總狀花序著花6至10朵，4月盛開的時候，一串串白裡帶粉肉色的寬管狀花朵，前方開口伸出美麗的白色羽裂狀唇瓣，不時釋出陣陣芳香，不禁令人讚嘆台灣山林竟有如此特殊的附生植物存在，其觀賞性足可稱之為本土斑葉蘭類植物之最。

　　裂唇線柱蘭是台灣的特有蘭科植物，族群稀有，少數幾次的發現紀錄主要集中在台灣南端如台東、屏東一帶，其它零星發現的地點，則在台北、嘉義、台南縣等地。

4月初多數的裂唇線柱蘭正值盛開期，它
不僅花美，還帶宜人香味，同時也是台
灣所產的十種線柱蘭中，唯一附生在樹
上的種類。

黃唇線柱蘭 *Zeuxine sakagutii* Tuyama

◆**異名：**
Zeuxine affinis (Lindl.) Benth. ex Hk. f., Fl. Brit.

◆**英名：** Yellow-lipped Zeuxine

◆**植株大小：** 7~14公分高

◆**莖與葉子：** 淺根性小型地生蘭，匍匐根莖短，莖直立，長5~10公分，4、5枚葉輪狀排列於莖上段，葉片卵狀披針形，長3~4公分，寬1.5~2.5公分，葉柄長約1公分，暗綠色，紙質。

◆**花期：** 春季，以3月開花居多。

◆**花序及花朵：** 花莖自莖頂葉間抽出，長10~12公分，直立，著花15至20朵，花裂管狀，暗綠或帶褐色，黃色唇瓣中裂呈二裂狀，花長約0.5公分。

◆**生態環境：** 林緣半遮蔭或透光處地生

◆**分佈範圍：** 台灣零星分佈，產地包括台北木柵、南投鳳凰、合社、雙冬、高雄多納、台東知本等地，生長環境的海拔高度約100至600公尺。

　　線柱蘭屬是一群以小型種為主體的蘭科植物，台灣共有8種線柱蘭，它們的花裂略微開張或半張開，花朵外觀近似管狀，多數種類具有白色的唇瓣中裂，只有線柱蘭與黃唇線柱蘭的中型唇瓣中裂是黃色的，不過線柱蘭的唇瓣中裂呈舌狀，而黃唇線柱蘭的唇瓣中裂則是二裂狀，且顏色鮮明，兩者之間倒也不難分別。

　　黃唇線柱蘭不開花的時候跟普通的斑葉蘭類植物十分類似，沒有特別明顯的特徵可以讓人一眼就辨認出來，而且花期也不長，族群又不是很普遍，看到的機會並不多，雖然花朵小小的，有機會在野外遇到也算是非常幸運了。本種除了台灣產之外，就只能在日本琉球才看得到。

黃唇線柱蘭因唇瓣為黃色而得名，圖中所見的黃色部位為唇瓣的中裂（林緯原攝）。

【落葉林的野生蘭】

台灣低海拔的原始闊葉林中，

有一小部分是由落葉性的闊葉樹種組成，

這種特殊的低海拔環境也有特定的野生蘭棲息著，

例如厚葉風蘭就是很好的代表性種類。

厚葉風蘭 *Thrixspermum subulatum* Reichb. f.

花朵乳白色而唇瓣泛橘黃色的厚葉風蘭。

◆**英名：**

Thick-leaved Swing Orchid

◆**別名：**肥垂蘭

◆**植株大小：**20~140公分高

◆**莖與葉子：**倒垂性大型附生蘭，莖扁平，軟而強韌，易分支，長25~130公分，寬0.3~0.8公分，為疊抱葉鞘所包裹，葉子二列互生，葉片線狀披針形，向內對摺呈V字形，長6~12公分，寬1~2公分，青綠色，厚革質。

◆**花期：**春季至夏初，4、5月盛開。

◆**花序及花朵：**花莖自莖節葉腋斜向下抽出，長1~2公分，筆直，基部細而末段粗，末端密生3至8朵花，花朵盛開時近全張，花徑1.5~1.7公分，乳白至淺黃底，唇瓣帶橘色或橘黃色塊斑。

◆**生態環境：**闊葉林落葉大樹懸垂附生，通常生於通風良好、半透光或陽光充足的環境，尤其喜歡生長在溪邊的樹木枝幹上。

◆**分佈範圍：**台灣東南部、南部零星分佈，產地包括高雄三民、荖濃溪、桃源、寶來、屏東牡丹、台東大武等，生長環境的海拔高度約為100~700公尺。

　　有一天，如果您也能目睹厚葉風蘭一串又一串垂掛溪畔大樹高枝隨風擺動的氣勢，或許您會和我一樣，心中迴盪浮現出同樣的心情，為了有幸能在我們生活的生態寶庫，見證這塊島嶼孕育的奇特物種而深受感動。

　　2004年8月上旬，同友人一行四人前往恆春半島，尋訪那裡特有的蘭科植物，厚葉風蘭是我們此行的目標物種之一，在李姓蘭友的引領之下，來到屏東臨台東交界一條溪流一處不知名的地點，我們頂著南部的烈陽，渾身是汗地走在幾無路跡的下溪陡坡間，為的就是要見識一下厚葉風蘭的自然生長環境。抵達溪底，一棵落葉大樹矗立在溪的對岸，舉目仰視，有的單株，有的成串，有的大叢，厚葉風蘭就吊掛在樹木上層的枝幹各處，如以單株估算，該樹上頭的厚葉風蘭應有近百株，臨近的幾棵大樹同樣有厚葉風蘭生長著，雖然之前已經聽聞友人描述，親眼看到滿樹垂掛的厚葉風蘭，依然凝神忘我，難以言盡。原始

山林早已不再滿山滿谷的恆春半島，這種稀有南部植物的棲地僅殘存零星的點狀分佈，除了為能目睹它的風采而感動，同時也切身關心它的存續問題。

厚葉風蘭屬於熱帶性植物，它是我們這個島嶼與南方菲律賓群島，以及印尼、泰國等熱帶地區植物相互通關連的例證之一，是這種蘭科植物地理分佈的北限，雖然厚葉風蘭並不是台灣的特有種，但是它的存在，也正顯現了台灣是南北植物匯流的一座重要橋樑。

厚葉風蘭承襲多數風蘭花朵壽命短暫的特性，清晨花苞開始張開，近午時分花朵達到接近全張的盛開階段，過午後，花裂逐漸向蕊柱靠攏，下午便幾近閉合，花開時間不到半天，要看到美麗素雅的花朵全貌，可不是那麼容易的事。不過在花期當中，會有5到8波的開花期，其間間隔一至二週，這一次錯過了，下一次可要仔細留意。厚葉風蘭雖然花的壽命短，不過很容易自花授粉，花期過後經常可看到花莖上結著細筆狀的長形蒴果，成熟的果實可達到10公分長。

聚生成大叢的厚葉風蘭（王煉富攝）。

高雄荖濃溪岸的落葉樹枝幹表皮
乾裂焦黑，看似了無生機，然而
厚葉風蘭卻自願選擇在這樣的環
境生活，其堅韌的生存能力，不
禁讓人佩服。

這株厚葉風蘭一花莖著花4朵，花朵乳白色而
唇瓣帶橘色（正煉富攝）。

【人造針葉林 的野生蘭】

台灣低海拔山區有許多人造針葉林，
其中以柳杉林最多，
在這些人造林裡蘭科植物的種類雖然遠比不上原始闊葉林，
但也有一些適應力很強的野生蘭，
對於林相及環境條件較不苛求，
一樣可以在這個人工的環境順利生存下來。

鳳　蘭 *Cymbidium dayanum* Reichb. f.

◆英名：Phoenix Orchids

◆別名：樹蘭

◆植株大小：50~70公分長

◆莖與葉子：大型氣生蘭，根粗大，根系呈輻射狀伸展，假球莖圓柱狀，長約5公分，生有5至9枚葉，葉片線形，長50~80公分，寬0.8~1.4公分，綠色或暗綠色，紙質，基半部向上生長，前半部向下垂，所以植株呈弓狀姿態伸展。

◆花期：夏季至秋季

◆花序及花朵：花莖由假球莖基部側面抽出，長15~30公分，彎曲下垂，著花5至15朵，花徑5~6公分，花裂白色，中脈密佈血紅或紫紅脈紋，唇瓣白底密佈平行血紅或紫血色條紋，中裂上有一黃褐塊斑，蒴果深綠色紡縋狀長6~8公分。

◆生態環境：山區闊葉林、針葉林樹幹附生，少數附生於岩壁上，通常長在樹瘤處，也會長在枯木上頭，喜濕熱、半透光的環境，也能耐稍乾燥或近陽光直射的環境。

◆分佈範圍：台灣的低、中海拔山林分佈尚稱普遍，產地包括台北新店、大桶山、烏來、卡保山、坪林、逐鹿山、熊空山、宜蘭牛鬥、蘇澳、棲蘭、明池、桃園小烏來、達觀山、新竹五峰、花蓮太魯閣、鳳林、虎頭山、南投日月潭、嘉義中埔、阿里山、屏東南仁山、台東新港山等，生長環境的海拔高度約為200~2000公尺，不過以海拔300~900公尺較常見。

鳳蘭的花莖呈弧形向下彎曲，花朵沿著花軸兩側交互開出。鳳蘭的花色白底帶紅線條，鮮明奪目，在野地往往短時間內便為蜜蜂授粉，遇到結果實的機率反而比看到花朵還要頻繁。

鳳蘭是一種十分優雅的附生蘭蕙，植物體高懸於樹幹與叉枝上，繁茂綠葉自然彎曲呈優美的拱形，尤其是夏末、初秋的花期到了，每當一串串懸垂的白底紅線條花朵綻放時，不僅有幸巧遇者駐足張口直視，就連山裡採蜜的蜂類也爭相於花間鑽迎探蜜，正因為這個緣故，雖說鳳蘭的開花性不錯，有時在正常花期之後，還會在接下來的春季展開第二次的綻放，可是在野外遇到花開的頻率卻不高，反而經常有機會看到莖葉下方結著長串的肥碩果實，這都是胡蜂捷足先登的傑作。

1999年6月初，於台北烏來一片人造柳杉林裡，很幸運地遇到幾叢盛開的鳳蘭，其中一叢長在樹幹離坡地不到一公尺的位置，這真是千載難逢的拍照機會，當腳架相機就位，才按下幾次快門，馬上飛來兩隻胡蜂，忙碌地在花朵唇瓣間穿梭，因為習慣採用自然光拍攝，所需曝光的時間較長，胡蜂的活動讓花不停晃動，只好停止拍攝，好好觀賞一下胡蜂的採蜜之舞。可是在牠倆鑽進鑽出的過程中，花朵柱頭前端的花藥卻一個接著一個被碰掉，有的黏在蜂的頭頂，有的黏在腹部，當胡蜂走後，留下的是沒了花藥的花朵。由這個親眼目睹的過程，與尋常可見的蒴果，體會了鳳蘭花朵對於授粉蟲媒的吸引力，這也正是其族群繁衍的優勢所在。

鳳蘭最特別的生長方式在於它的根系，一般氣生蘭的根部係附著在樹皮表面，可是如果您曾在野地觀察過鳳蘭，會發現它的根系幾乎根本看不到，這是因為鳳蘭的根會由樹幹表面的裂隙或傷口，如樹瘤處，伸入樹皮裡層，長而粗壯的白皙根系便在裡頭擴展。這個情形點出了一項疑問，就是我們始終認定樹上的蘭花是附生植物，依賴環境供給養份來維生，而不會依靠樹木本身取得養份，但是鳳蘭的根系幾乎都在樹皮內層，自然有可能從樹木本身吸收一部份營養，這是否意謂鳳蘭具有寄生性，尚待進一步研究。

台北烏來海拔450公尺人造杉林杉木主幹
低處附生的鳳蘭在10月開花。

【竹林內的野生蘭】

台灣低海拔山區裡，

特別是在有人居住的村莊聚落附近，

竹林是十分普遍且常見的。

竹林內的植被相當單純，

多半以淺根性的地生蘭為主。

小唇蘭 *Erythrodes blumei* (Lindl.) Schltr.

◆ **異名：** *Erythrodes formosana* Schltr.

◆ **英名：** Little Fly Orchid

◆ **別名：** 台灣細筆蘭、紅蠅蘭

◆ **植株大小：** 10~20公分高

◆ **莖與葉子：** 淺根性地生蘭，莖細長圓柱狀，長15~30公分，生有3至5枚葉，葉片歪卵形，長5~10公分，寬3~6公分，深綠色，紙質，三條主脈明顯。

◆ **花期：** 春季，以4、5月開花較多。

◆ **花序及花朵：** 花莖自莖頂葉間抽出，長20~60公分，近直立或微傾，穗狀花序著花20至30朵，花徑1~1.2公分，花朵萼片紅褐或灰褐色，花瓣綠褐色，唇瓣紅褐而中裂白色。

◆ **生態環境：** 山區竹林或闊葉林地生，尤以竹林內較常發現，喜陰濕的環境。

◆ **分佈範圍：** 台灣低、中海拔尚稱普遍，生長環境的海拔高度約為50~2000公尺。

在淺山竹林裡陰濕地面上，仔細地觀察，不難看到一種長著3、5枚歪卵形葉的地生蘭，通常那就是小唇蘭。沒有開花的時候，小唇蘭不是很高，只有10至20公分而已，春天花期的時候，給人的觀感則又截然不同了，由莖頂葉間向上抽出來的花莖起碼有20公分高，最長到60公分，整個開花株高在30公分至75公分之間，一副修長高瘦的大個模樣。花莖頂部的穗狀花序著花20至30朵，花朵不算大，花徑只有1公分左右，花由三色組成，萼片是紅褐色或灰褐色，花瓣為綠褐色，唇瓣多為紅褐色，而中裂則是白色的。

台灣細筆蘭這個名字是在學界專用的台灣植物誌（Flora of Taiwan）裡使用的，由於這套重要的工具書並不對外出售，看過的人有限，一般大眾對這個名字並不熟悉，民間對這種植物的稱謂，若不是依林讚標博士的台灣蘭科植物，稱它小唇蘭，要不便是按周鎮先生的台灣蘭圖鑑，叫它紅蠅蘭，但究竟為何稱之「細筆蘭」？筆者還不甚了解，只能推敲可能係指其花莖細長筆直如細筆；另外兩個名稱就比較直接，「小唇蘭」是依花朵唇瓣大小來命名，「紅蠅蘭」則是因帶紅褐色的花朵形狀宛若蒼蠅而來的。

小唇蘭的植株不大，花莖則頗為細長，這株長在木柵動物園竹林裡的小唇蘭花莖有50公分長。

裂瓣玉鳳蘭 *Habenaria polytricha* Rolfe

◆ **植株大小**：25~55公分高

◆ **莖與葉子**：地生蘭，莖下生有2塊地下塊根，長橢圓體，長2~5公分，莖長20~40公分，近基部寬約1公分，長圓柱狀，直立，下半段有幾枚管狀葉鞘，上半段輪生7至12枚葉，葉片長橢圓狀披針形，長8~20公分，寬4~6公分，青綠至綠色，似絨布之柔軟紙質。

◆ **花期**：秋季，9、10月盛開。

◆ **花序及花朵**：花莖自莖頂葉間直立抽出，長30~45公分，總狀花序著生8至40朵花，花徑2.5~3公分，萼片白底帶草綠色，二側萼片向後翻，花瓣淡綠至近白色，成二束絲狀裂，唇瓣淡綠至近白色，成三裂，每一長形裂片側緣或末端再呈絲狀裂，距白至淡綠色，長約2公分，長管狀，中段微彎，末端微向前彎曲。

◆ **生態環境**：竹林、雜木林內或林緣地生，生長在半透光、溼熱至涼爽環境。

◆ **分佈範圍**：台灣的低海拔至中海拔下層零星分佈，不常見，產地包括桃園小烏來、拉拉山、那結山、南投霧社、屏東里龍山、台東大武等地，生長環境的海拔高度約為300~1100公尺。

　　要遇見裂瓣玉鳳蘭可不是件容易的事，因為族群相當稀少，分佈極為零星，雖然早已在專書中窺其英姿，可是探訪南北山林多年，始終無緣窺其芳蹤。

　　2004年7月，走訪屏東恆春賞蘭，在幾處相鄰的地點，遇到高矮有別的若干玉鳳蘭族群，有一群莖短葉子幾近貼地而生，另一群植株中等，高度25公分左右，除此之外，還有一群數量較多，植株也比較大，高度約40公分上下。矮型株與高型株於9月初二度造訪時親睹其花開，才知道這兩種分別為長穗玉鳳蘭（翹唇玉鳳蘭）與叉瓣玉鳳蘭（冠毛玉鳳蘭）。惟植株中等的玉鳳蘭因未開花，無法確定其身份，只覺植株莖葉平凡無奇，與其它玉鳳蘭簡直沒有甚麼兩樣，即使仔細觀察，仍然只能靠半信半疑的差異特徵來分辨。直至10月中旬，栽培樣本抽出花莖開花了，方才暴露它不平凡的身份，原來這株不大不小又不起眼的玉鳳蘭，就是尋訪已久的裂瓣玉鳳蘭。

　　裂瓣玉鳳蘭的花形超群不凡，很有特色，花瓣與唇瓣分裂成細絲狀，形如兩撇翹鬍子，白裡帶著碧綠色澤的花，予人如翠玉般的高雅素質，足堪為台灣玉鳳蘭屬的美麗代表。

　　其實，在台灣產的8種玉鳳蘭裡，除了裂瓣玉鳳蘭的花朵有絲狀裂之外，另有兩種也是如此，不過絲裂的情形不盡相同，注意細看就可以分別。狹瓣玉鳳蘭（線瓣玉鳳蘭）的花瓣線形，無絲裂，唇瓣呈三線裂，末段窄縮成絲狀；而叉瓣玉鳳蘭的花形與本種最接近，只不過花瓣係裂成二條絲狀，唇瓣成三線裂，末段窄縮成絲狀。這3種玉鳳蘭的植株形態非常相似，很難由莖葉看出端倪，僅能靠開花時由花朵細部來區分。

桃園小烏來海拔600公尺竹林裡的裂瓣
玉鳳蘭9月中旬開得正盛，花瓣與唇瓣
裂成絲狀，奇特白綠色花朵，使它在綠
林裡仍難掩其光彩。

玉蜂蘭 *Habenaria ciliolaris* Kranzl.

◆ 英名：Jade Bee Orchid

◆ 別名：玉鳳蘭

◆ 植株大小：12~20公分高

◆ 莖與葉子：地生蘭，地下塊根橢圓狀或圓柱狀，植株長15~25公分，莖圓柱狀，長8~15公分，輪生5至7枚葉，葉片橢圓狀披針形長15~30公分，寬3.5~5公分葉緣波浪狀，綠色或深綠色具光澤，紙質。

◆ 花期：夏季，7、8月盛開。

◆ 花序及花朵：花莖自莖頂葉間抽出，長15~25公分，近直立或傾斜，淺綠色，橫切面呈多角形，生細白毛，總狀花序著生10至22朵花，花徑1~1.5公分，花長2.2~2.5公分，白綠色，距長約2公分，有的花朵帶芳香。

◆ 生態環境：竹林、雜木林林內或林緣地生，喜歡半透光的環境。

◆ 分佈範圍：台灣的低海拔及中海拔下層零星分佈，產地包括台北福山、桃園北插天山、復興、新竹清泉、苗栗加里山、花蓮太魯閣、鹿鳴、研海林道、南投烏石坑、巒大山、嘉義曾文水庫、高雄萬山、扇平、屏東大武、里龍山、台東利稻等地，生長環境的海拔高度約為200~1200公尺，其中以600~900公尺分佈較多。

　　喜歡透光滋潤的玉蜂蘭為林床間生長的半蔭性地生蘭，看到它的地點多半是在竹林、雜木林的林緣，不然就是林內有散色光照射的地方。莖葉柔軟，易貼近地面生長，下層葉子常觸及土面或半掩於腐葉間，因為有匍地的習性，縱使植株自然展開有二、三十公分寬，並不算小，可是若不留意，有時會在周遭植物或是枯葉的掩護

下而錯過了它。

　　玉蜂蘭跟所有的玉鳳蘭屬植物一樣，都有休眠的習性，秋末、冬初天氣轉冷時，地上部份的莖葉便逐漸變黃枯萎而自地面消失，僅留地下塊根在土裡過冬。春天來臨時，才又由塊根上萌發新芽，鑽出土面成長，春、夏是植株的生長期，同時包藏在莖頂葉叢中的花莖也在同步增長，待夏季約莫過了一半，此時莖葉已經成熟，花莖也長到植株的長度或更長，一粒粒間隔有序的青色花苞便由下往上接續綻放，開始了為期三至四週的招蜂引蝶盛事。

　　玉蜂蘭的花形構造特別，頗有擬態效果，白綠微透明的花兒從側面看像是翠玉色的蜜蜂，由正面觀之又宛如象頭的模樣，愈看愈覺得有趣。唇瓣向後生有一長棒狀的距，這一透明淡綠的長距也是玉蜂蘭的特徵，內含帶香的蜜汁，有的個體帶有一股濃濃的茉莉花香，晚上聞起來分外顯著，想必授粉蟲媒很難經得起那樣的誘惑，野外觀察玉蜂蘭的結果率，可以得到間接的佐證。玉蜂蘭在分類上屬於玉鳳蘭屬，這個屬是一個大家族，總數約有600種，廣範泛分佈於熱帶、亞熱帶及冷涼的北溫帶地區。台灣產的有8種，屬於熱帶及亞熱帶品種，喜愛濕熱或涼爽的氣候環境，這當中較有機會遇到的就屬白鳳蘭、叉瓣玉鳳蘭（冠毛玉鳳蘭）以及玉蜂蘭。

南化摺唇蘭 *Tropidia* sp.

◆ **植株大小**：18~31公分高

◆ **莖與葉子**：中型地生蘭，根系潛入土內頗深，莖細而強韌，長14~27公分，鬆散排列4、5枚葉子，葉片長橢圓形或披針狀橢圓形，長10~15.5公分，寬1.3~2.2公分，綠色，紙質。

◆ **花期**：秋季，已知10月開花。

◆ **花序及花朵**：花莖由莖頂抽出，直立長約2.5公分，密生30朵小花，不轉位，花長0.7~0.8公分，花徑約0.5公分白綠色。

◆ **生態環境**：雜木林緣地生，喜歡溫暖、半遮蔭的環境。

◆ **分佈範圍**：分佈於台灣的低海拔地區，已知的產地為台南南化水庫，生長環境的海拔高度約150公尺。

南化摺唇蘭是由台灣原生蘭趣味栽培人士黃玉山先生於2005年在台南南化水庫一帶路邊採集到的，黃氏把其中一株贈與紅龍果蘭園鄧雅文女士，鄧女士知道筆者喜歡觀察拍攝各種台灣蘭科植物，於是將該株已含苞待放、莖葉如細竹的蘭花轉贈與筆者。該株摺唇蘭（又稱竹莖蘭）屬中型的尺寸，由莖葉形態來看，莖中段以上鬆散排列著4、5枚長橢圓形葉子，近似仙茅摺唇蘭（又稱仙茅竹莖蘭）的幼株，可是花序頂生於葉上，則接近日本摺唇蘭（又稱日本竹莖蘭）的樣子，一時困惑縈繞不解。不過，因為花序排列方式的強烈暗示，於是就姑且推測它是日本摺唇蘭的植株變異型。幾天後，花序外輪花苞綻放了，顯現出白綠色的小花，經再三確認，都不符台灣現有3種摺唇蘭的花朵形態，因此判斷這種摺唇蘭屬植物有可能是尚未發表的種類。

筆者將該株摺唇蘭轉交與台大植物研究所林讚標教授研判，林教授解剖花器並繪製線描圖，發現本種與仙茅摺唇蘭關係近緣，惟開花習性、花朵大小及側萼片具差異性，尤其是兩枚側萼片由基部起約有全長的60%合生，僅末段離生，而仙茅摺唇蘭的花朵側萼片僅基段合生。因此，確認本種為台灣新發現的蘭科植物。

南化摺唇蘭的花序頂生，開花習性類似日本摺唇蘭，惟白綠色的花朵形態明顯有所不同。

植物名	1月	2月	3月	4月	5月	6月	7月	8月	9月	10月	11月	12月	頁數
毛苞斑葉蘭													88
雙袋蘭													79
鳳蘭													152
寶島芙樂蘭													122
白鳳蘭													29
長穗玉鳳蘭													91
烏來柯麗白蘭													60
山林無葉蘭													40
龍爪蘭													42
韭菜蘭													33
紫背小柱蘭													106
恆春金線蓮													38
桶后羊耳蒜													100
璧綠竹柏蘭													68
大葉絨蘭													81
叉瓣玉鳳蘭													92
岩坡玉鳳蘭													90
白點伴蘭													95
裂瓣玉鳳蘭													156
狹瓣玉鳳蘭													94
涼草													107
綠花竹柏蘭													65
倒垂風蘭													132
輻射芋蘭													84
大芋蘭													83
台灣糠穗蘭													36
南化摺唇蘭													159
紅頭蘭													138
寒蘭													64
大竹柏蘭													70
琉球指柱蘭													56
香莎草蘭													62
大莪白蘭													118
報歲蘭													72
阿里山指柱蘭													59
台灣線柱蘭													142
台灣竹節蘭													44
斑葉指柱蘭													58
白花線柱蘭													141
線柱蘭													34

球狀花序　台灣糠穗蘭 P36　長腿形　台灣捲瓣蘭 P47　坪林捲瓣蘭 P50

低山捲瓣蘭 P54　長穗花序　腳根蘭 P32　韭菜蘭 P33　穗花斑葉蘭 P89

阿里山蛾白蘭 P116　細葉蛾白蘭 P115　大蛾白蘭 P118　大芙樂蘭 P123　台灣芙樂蘭 P124

展翅形　長穗玉鳳蘭 P91　小唇蘭 P155　人形　細點白鶴蘭 P53

 筒形

 線柱蘭 P34

 琉球指柱蘭 P56

 斑葉指柱蘭 P58

阿里山指柱蘭P59

 香莎草蘭 P62

 高士佛上鬚蘭 P80

 大扁根蜘蛛蘭 P128

 二尾蘭 P140

 白花線柱蘭 P141

 台灣線柱蘭 P142

 裂唇線柱蘭 P144

 黃唇線柱蘭 P146

 異形

 雙袋蘭 P79

 花朵半張

 台灣竹節蘭 P44

 長葉竹節蘭 P46

 垂頭地寶蘭 P87

 南化摺唇蘭 P159

 喇叭形

 單花脈葉蘭P108

 銀線脈葉蘭 P112

 東亞脈葉蘭 P114

 台灣萬代蘭 P120

163

蛾形

假囊唇蘭 P126

鉤唇風蘭 P130

倒垂風蘭 P132

厚葉風蘭 P148

星形

山林無葉蘭 P40

龍爪蘭 P42

烏來柯麗白蘭 P60

寒蘭 P64

綠花竹柏蘭 P65

竹柏蘭 P66

碧綠竹柏蘭 P68

大竹柏蘭 P70

報歲蘭 P72

燕子石斛 P74

雙花石斛 P75

呂宋石斛 P76

小雙花石斛 P78

大葉絨蘭 P81

樹絨蘭 P82

輻射芋蘭 P84

圓唇軟葉蘭 P104

紫花脈葉蘭 P110

鳳蘭 P152

A FIELD GUIDE TO WILD

三尖形　　　　　大芋蘭 P83　　　　毛苞斑葉蘭 P88　　　白點伴蘭 P95　　　圓唇伴蘭 P96

仙茅摺唇蘭 P134　相馬氏摺唇蘭 P136　　球形　　　　　蕉蘭 P30　　　　紅頭蘭 P138

象頭形　　　　　玉蜂蘭 P158　　　人頭馬形　　　恆春金線蓮 P38

附錄2
【花形索引】

羽裂形　　　　　白鳳蘭 P29　　　　岩坡玉鳳蘭 P90　　叉瓣玉鳳蘭 P92　　狹瓣玉鳳蘭 P94

裂瓣玉鳳蘭 P156　　蜘蛛形　　　　齒唇羊耳蒜 P98　　桶后羊耳蒜 P100　　心唇金釵蘭 P102

ORCHIDS OF TAIWAN

【野生蘭中名索引】

【野生蘭學名索引】

大樹經典
自然圖鑑系列
04

台灣野生蘭
A Field Guide To Wild Orchids Of Taiwan (Vol.2)
賞蘭大圖鑑（中）

◎出版者／遠見天下文化出版股份有限公司

◎創辦人／高希均、王力行

◎遠見・天下文化・事業群 董事長／高希均

◎事業群發行人／CEO／王力行

◎版權部協理／張紫蘭

◎法律顧問／理律法律事務所陳長文律師　◎著作權顧問／魏啟翔律師

◎社址／台北市 104 松江路 93 巷 1 號 2 樓

◎讀者服務專線／（02）2662-0012　◎傳真／（02）2662-0007；2662-0009

◎電子信箱／cwpc@cwgv.com.tw

◎直接郵撥帳號／1326703-6 號 遠見天下文化出版股份有限公司

◎作　者／林維明

◎繪　者／林松霖

◎編輯製作／大樹文化事業股份有限公司

◎網　址／http://www.bigtrees.com.tw

◎總編輯／張蕙芬

◎美術設計／黃一峰

◎封面設計／黃一峰

◎製版廠／黃立彩印工作室

◎印刷廠／立龍彩色印刷股份有限公司　◎裝訂廠／源太裝訂實業有限公司

◎登記證／局版台業字第 2517 號

◎總經銷／大和書報圖書股份有限公司 電話／（02）8990-2588

◎出版日期／2006 年 8 月 5 日第一版
　　　　　2014 年 9 月 25 日第一版第 4 次印行

◎ ISBN-13：978-986-417-715-8　◎ ISBN-10：986-417-715-X

◎書號：BT1004　◎定價／500 元

國家圖書館出版品預行編目資料

台灣野生蘭賞蘭大圖鑑A Field Guide to Wild
Orchids of Taiwan／林維明著. -- 第一版. --
臺北市：天下遠見, 2006[民95]冊；15×21 公
分. --（大樹經典自然圖鑑系列；4）
參考書目：面
含索引
ISBN 986-417-707-9（上冊：精裝）
ISBN 986-417-715-X（中冊：精裝）
1. 蘭花 — 台灣 — 圖錄
435.431024　　　　　　　　　95009694

A Field Guide To Wild Orchids Of Taiwan (Vol.2)